面向 21 世纪课程教材
Textbook Series for 21st Century
普通高等教育农业部"十三五"规划教材

# 兽医微生物学实验指导

## 第 二 版

姚火春　主编

兽 医 专 业 用

中国农业出版社

图书在版编目（CIP）数据

兽医微生物学实验指导/姚火春主编．—2版．—北京：中国农业出版社，2002.2（2018.6重印）
面向21世纪课程教材
ISBN 978-7-109-07337-1

Ⅰ．兽… Ⅱ．姚… Ⅲ．兽医学：微生物学－实验－高等学校－教学参考资料 Ⅳ．S852.6-33

中国版本图书馆CIP数据核字（2006）第143456号

中国农业出版社出版
（北京市朝阳区农展馆北路2号）
（邮政编码100125）
责任编辑　武旭峰

中国农业出版社印刷厂印刷　新华书店北京发行所发行
1980年10月第1版　2002年2月第2版
2018年6月第2版北京第17次印刷

开本：787mm×960mm　1/16　印张：8.5
字数：148千字
定价：14.50元
（凡本版图书出现印刷、装订错误，请向出版社发行部调换）

# 第二版前言

《兽医微生物学实验指导》第二版是"面向21世纪高等农林教育教学内容和课程体系改革计划"项目的成果，与南京农业大学陆承平教授主编的"面向21世纪课程教材"《兽医微生物学》第三版配套使用。全书共27项实验。本指导在第一版基础上作了较大幅度的调整，注重了实验指导的可操作性，注重兽医微生物学基本实验方法和技能的培养，且紧密结合临床实际应用。实验内容与教材相匹配，在体例上实行大小字编排，需掌握的常规实验操作以大字编排，需了解或教学进程中难以安排的实验以小号字编排。在每个实验后增加了若干思考题，以巩固实验操作过程及相应的理论知识。各院校可根据各自实际情况安排相关实验。

本书的编写分工如下：

| | |
|---|---|
| 郭霄峰（华南农业大学） | 实验一、二、三、四、五、六、十六 |
| 范红结（南京农业大学） | 实验九、十、十一、十二 |
| 刘 磊（甘肃农业大学） | 实验十五、十七、十八 |
| 胡桂学（吉林农业大学） | 实验十九、二十、二十一 |
| 姚火春（南京农业大学） | 其余各实验，并对各实验的格式和内容作了调整和修改 |

实验须知仍沿用第一版中廖延雄教授撰写的文字。

本书全文由陆承平教授精心审阅和修改，于勇女士承担了本书的文字打印工作。本书的编写得到中华农教基金的资助和高等农业院校教学指导委员会动物医学学科组的热情支持，谨此一并致谢。

限于编者的水平，本书的不足之处，敬请同行及师生指正，以便修订。

姚火春
2001年7月于南京农业大学

# 第 一 版 前 言

在编写全国高等农业院校试用教材《兽医微生物学》的同时，编写了《兽医微生物学实验指导》。全书共 33 项实验，前 17 项为教材中的总论部分，后 16 项为各论部分。通过这些实验，使学生做到：（1）掌握基本技能，如显微镜使用、培养基制造、抹片制备及染色、细菌的分离培养及其生化反应测定、常用仪器的使用、实验动物的感染等；（2）独立操作常用的血清学反应，如凝集反应、沉淀反应、补体结合反应等；（3）加深理论部分的理解，如微生物在自然界的分布、细菌生理、外界环境对微生物的影响、抗原与抗体等；（4）认识重要畜禽病原微生物的性状，以助于传染病的诊断；（5）获得严谨的科学实验的素养。

实验各项的编写，与相应的教材部分紧密结合，教材中有的图、表、内容，在实验指导中不另重复。因此，教学中教材与实验指导并用。

我国地区广大，畜禽的传染病不尽相同，各院校可根据自己的实际情况安排实验课，但前 17 项实验属于基本技能或基本理论，应予以加强。

参加本书编写的分工是：方定一　实验二十；杜念兴　实验十四、十五、十七；吴信法　实验十一、二十四、二十五、三十、三十一；欧守杼　实验一、二、三、十；赵纯墉　实验二十九、附录；侯从远　实验四、五、六、七、八、九、十二；黄和瓒　实验十三、二十八；韩有库　实验十六、二十一、二十二、二十三、二十六、二十七；韩维廉　实验十八、十九；廖延雄　实验须知、实验三十二、三十三。

编　者

1979 年 4 月 10 日

## 第一版编写者（名单按姓氏笔画排列）

| | | | |
|---|---|---|---|
| 方定一 | 江苏农学院 | 侯从远 | 西北农学院 |
| 杜念兴 | 南京农学院 | 黄和瓒 | 新疆八一农学院 |
| 吴信法 | 安徽农学院 | 韩有库 | 吉林农业大学 |
| 欧守杼 | 华南农学院 | 韩维廉 | 沈阳农学院 |
| 赵纯墉 | 甘肃农业大学 | 廖延雄 | 甘肃农业大学 |

## 特邀审稿者

杨贵贞　郑庆瑞　何正礼　王潜渊　周泰冲　房晓文　杨圣典
陈家庆　张秉彝　况乾惕

## 审稿者

白荣德　刘宝全　韦家槐　任襄文　尹凤阁　陈瑶先　杨惠黎
林锦鸿　吴　彤　乔　莉　曹树泽　秦学敬　罗伏根

# 目 录

第二版前言
第一版前言

实验须知 …………………………………………………………………… 1
实验一　显微镜的构造与使用 …………………………………………… 3
实验二　细菌的基本形态及构造的观察 ………………………………… 13
实验三　细菌抹片的制备及染色 ………………………………………… 15
实验四　培养基的制备 …………………………………………………… 19
实验五　细菌分离培养及移植 …………………………………………… 23
实验六　细菌在培养基中的生长表现及细菌运动力检查 ……………… 30
实验七　细菌的生化试验 ………………………………………………… 36
实验八　药物敏感试验 …………………………………………………… 43
实验九　凝集试验 ………………………………………………………… 46
实验十　沉淀试验 ………………………………………………………… 50
实验十一　荧光抗体技术 ………………………………………………… 52
实验十二　酶联免疫吸附试验（ELISA） ……………………………… 55
实验十三　葡萄球菌与链球菌 …………………………………………… 57
实验十四　肠杆菌科 ……………………………………………………… 60
实验十五　布氏杆菌 ……………………………………………………… 67
实验十六　巴氏杆菌 ……………………………………………………… 71
实验十七　炭疽芽孢杆菌 ………………………………………………… 73
实验十八　梭状芽孢杆菌 ………………………………………………… 79
实验十九　猪丹毒杆菌及李氏杆菌 ……………………………………… 86
实验二十　结核杆菌和副结核菌 ………………………………………… 88
实验二十一　螺旋体 ……………………………………………………… 92
实验二十二　霉形体 ……………………………………………………… 96
实验二十三　真菌的培养及形态观察 …………………………………… 98

实验二十四　病毒鸡胚培养 …………………………………………… 101
实验二十五　病毒的血凝及血凝抑制试验 …………………………… 105
实验二十六　鸡胚原代细胞培养 ……………………………………… 108
实验二十七　细胞培养接种病毒及细胞病变观察 …………………… 112
附录一　常用染色液的配制及特殊染色法 …………………………… 114
附录二　常用仪器的使用 ……………………………………………… 118
附录三　菌种的保存 …………………………………………………… 122
附录四　动物实验技术 ………………………………………………… 124

参考文献 ………………………………………………………………… 128

# 实验须知

在微生物学实验中，可能接触病原微生物。既要求工作谨慎，严防实验室感染，防止事故，确保安全，又要求严格训练，以培养社会主义科学人员应有的素质。

**1. 防止病原微生物的散布**

（1）实验中应着工作衣帽，如沾有可传染的材料，应脱下浸于消毒药水中（如5%石炭酸等）越夜或高压消毒后再进行洗涤。

（2）沾有微生物的器皿及废弃物，应置于指定地点，先消毒再进行洗涤；检查用过的动物尸体、脏器、血液等，应严加消毒、掩埋。

（3）接种环、接种针用前用后必须于火焰中烧灼过。

（4）含有培养物的试管不可平放在桌面上，以防止液体流出。

（5）实验室中禁止饮食、吸烟及用嘴湿润铅笔及标签等物，亦勿以手指或他物与面部接触。

（6）操作危险材料时勿谈话或思考其他问题，以免分散注意力而发生意外。

（7）实验室中若发生意外，如吸入细菌、划破皮肤、细菌或病料污染桌面或地面等时，应立即处理，必要时就医。病原微生物污染的地点，应敷以消毒药（5%石炭酸等）覆盖过夜。

（8）菌种或种毒不得带出实验室，若要索取，应严格按规章办理。

（9）工作完毕后应先用消毒药水消毒，后用清水洗手。

**2. 防火**

一切易燃品应远离火源。不可将酒精灯倾向另一酒精灯引火，以免发生爆炸。电炉、电热板、煤油炉、煤气等用完后应立即关灭。如漏电、漏气等应立即修理，实验室内应有灭火器。

**3. 节约**

（1）使用药品、试剂、染色剂、镜油、拭镜纸等应节约。

（2）使用仪器等要小心，按操作规程工作、保养，避免不必要的损耗和意外。

(3) 吸管插入试管中时，要轻放到底才松手，以免戳破试管。
(4) 平皿一般应倒放，即皿底在上，皿盖在下，以免拿时皿底掉下摔破。
(5) 金属器皿用完消毒后，应立即擦干，防止生锈。

4．标记

所用各种试剂、染色剂、培养物、动物等，均需标记明确。要经高压消毒或蒸汽消毒的标签，应用深黑色铅笔书写，不可用毛笔、钢笔、圆珠笔书写，以免消毒后模糊不清。

5．记录

每日操作及观察结果，均应详细记录。

6．安全

最后一人离开实验室前，应检查一遍水、电、煤气，关好门窗。

7．清洁与秩序

每日开始工作前，地面洒水，清洁桌面。实验室中各物均应摆放一定位置，工作完后放回原处或指定地点，对实验室进行整理，清洁后离开。

# 实验一

# 显微镜的构造与使用

显微镜是微生物学研究必不可少的工具，正是显微镜的发明使人类揭开了微生物世界的奥秘。随着科学技术的进步及微生物研究的需要，显微镜从使用可见光源的普通光学显微镜发展到使用紫外线光源的荧光显微镜，进一步发展到用电子流代替照明光源的电子显微镜，使放大率和分辨率大大提高，为微生物学的发展提供了保障。此外，根据不同的用途还有暗视野、相差显微镜等。观察细菌的形态与结构时，最常用的是油镜。

[**实验材料**]

普通显微镜，柏木油，二甲苯，大肠杆菌、炭疽杆菌、葡萄球菌等细菌标本片，擦镜纸。

[**目的要求**]

（1）了解各类显微镜和显微镜照相装置的简单构造原理、使用方法和保护要点。

（2）熟练掌握油镜的使用。

[**普通光学显微镜的构造和使用**]

1. **构造** 普通光学显微镜的构造、使用与保护方法已在《家畜组织学与胚胎学》教材中讲过，这里介绍油镜的原理和使用要点：

检查细菌标本，多用油镜进行。油镜是一种放大倍数较高（95～100倍）的物镜，一般都刻有放大倍数（如95×、100×等）和特别的标记，以便于认识。国产镜多用油字表示，国外产品则常用"Oil"（Oil Immersion）或"HI"（Homogeneous Immersion）作记号。油镜上也常漆有黑环或红环，而且油镜的镜身较高倍镜和低倍镜为长，镜片最小，这也是识别的另一个标志。

2. **油镜的原理** 油镜头的晶片细小，进入镜中的光量亦较少，其视野较用高倍镜为暗。当油镜头与载玻片之间为空气所隔时，因为空气的折光指数与玻璃不同，故有一部分光线被折射而不能进入镜头之内，使视野更暗；若在镜头与载玻片之间放上与玻璃的折光指数相近的油类，如柏木油等，则光线不会因折射而损失太大，可使视野充分照明，能清楚地进行观察和检查（图1-1）。

实验中几种常用物质的折光指数如下：

| 品　　名 | 折光指数 |
| --- | --- |
| 玻　　璃 | 1.52～1.59 |
| 檀 香 油 | 1.52 |
| 柏 木 油 | 1.51 |
| 加拿大树胶 | 1.52 |
| 二 甲 苯 | 1.49 |
| 液 体 石 蜡 | 1.48 |
| 松 节 油 | 1.47 |
| 甘　　油 | 1.47 |
| 水 | 1.33 |

**3．油镜的使用方法** 进行油镜检查时，应先对好光线，但不可直对阳光，采取最强亮度（升高集光器，开大光圈，调好反光镜等）。然后在标本上加柏木油一滴（切勿过多），将标本放置或移置载物台的正中。转换油镜头浸入油滴中，使其几乎与标本面接触为度（但不应接触）。用左眼由目镜注视镜内，同时慢慢转动粗螺旋，提起镜筒（此时严禁用粗螺旋降下油镜筒），至能模糊看到物像时，再转动微螺旋，直至物像清晰为止。另一种是固定镜筒调节载物台的显微镜，

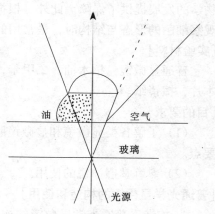

图1-1　油镜的原理图

调焦时，镜片先与油镜头接触，再慢慢转动粗螺旋，将载物台往下调，能模糊看到物像时，再转动微螺旋，直至物像清晰为止。随即进行检查观察。油镜用过后，应立即用擦镜纸将镜头擦拭干净。如油渍已干，则须用擦镜纸蘸少许二甲苯溶解并拭去油渍，然后再用干擦镜纸拭净镜头。

[**暗视野显微镜**]

暗视野显微镜（dark field microscope）是在普通光学显微镜中去除明视野集光器，换上一个暗视野集光器而成。暗视野集光器的构造使光线不能由中央直线向上进入镜头，只能从四周边缘斜射通过标本；同时，在有些物镜镜头中还装有光圈，以阻挡从边缘漏入的直射光线（如镜头无光圈装置时，可在镜头内另加适当套管代用）。由于光线不能直接进入物镜，因此，视野背景是黑暗的，如果在标本中有颗粒物体存在，并被斜射光照着，则能引起光线散射（丁铎尔效应），一部分光线就会进入物镜。此时可见到在黑暗的视野背景中，有发亮明显的物体，犹如观看黑夜天空中被探照灯照射着的飞机，观察得比较清楚。但必须注意，由于物体折光的关系，显微镜下所看到的实际上是物体散射出来的光线，只能呈现

出物体的轮廓而且比实物要大。暗视野显微镜多用于活体微生物的检查，特别适于观察螺旋体的形状和运动（图1-2）。

暗视野显微镜的使用方法，基本上与普通光学显微镜相同，但有其特点：

（1）制作标本时所用的载玻片和盖玻片均应清洁干净，必须使用薄玻片（载玻片厚度约1.0～1.1mm，盖玻片厚度约0.1mm），否则会影响暗视野集光器斜射光焦点的调节，如载玻片太厚，焦点只能落在载玻片内，就不能看到物像。标本也不能过厚。

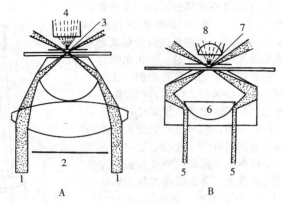

图1-2 暗视野集光器的原理
A. 抛物面型暗视野集光器　B. 心形暗视野集光器
1. 光线　2. 遮光板　3. 标本　4. 射入物镜的光线　5. 光线　6. 半圆形反光镜　7. 标本　8. 射入物镜的光线

（2）采用的光源宜强，一般均用强光灯照明。光线暗则物像不清晰。

（3）调节光源：使光线集中在暗视野集光器上。先用低倍镜观察，移动暗视野集光器，使其中央的一个圆圈恰好处在视野的中央。如暗视野集光器已准确固定好，则可免去这一步骤。

（4）先在暗视野的集光器上加柏木油一滴，然后将标本放在载物台上，把暗视野集光器向上移，使其上的柏木油与标本片的底面接触，中间不能有气泡存在。

（5）在标本盖玻片上再加柏木油一滴，降下镜筒，使油镜浸在柏木油内，再用粗、细螺旋调节物镜的焦距，有时还需稍微升降暗视野集光器以调节斜射光焦点，使其正好落在标本上，并且调节油镜头的光圈，相互配合，直到物像清楚为止，即可开始检查。也可用低倍或高倍物镜进行镜检，这就不必在盖玻片上加柏木油。

**[相差显微镜]**

相差显微镜（phase contrast microscope）适合于观察透明的活微生物或其他细胞的内部结构。当光波遇到物体时，其波长（颜色）和振幅（亮度）发生变化，于是就能看到物体，但当光波通过透明的物体时，虽然物体的内部不同结构会有厚度和折光率不同的差异，而波长和振幅则仍然是不会发生改变的。因此，就不易看清这些不同的结构。用普通光学显微镜观察一些活的微生物或其他细胞等透明物体时，也就不易分清其内部的细微结构。但是，光线通过厚度不同的透明物体时，其相位却会发生改变形成相差。相差不表现为明暗和颜色的差异。利用光学的原理，可以把相差改变为振幅差，这样就能使透明的不同结构，表现明暗的不同，能够较清楚地予以区别。

相差显微镜的构造以普通显微镜为基础。但它有三个不同的部分，即相差物镜、相差环（环状光圈）或相集光器，以及合轴调整望远镜。

相差物镜是在物镜的后焦点处加一环状相板。相板由光学玻璃制成，具有改变相位的作用。放大倍数不同的物镜，其相板也不同。相差环则是一块环状光圈，放置在光源通路，使光线只能由环状部分通过，环状光圈的大小可由集光镜的数值口径（N.A）来调节。有些显微镜的环状光圈和相集光器装在一起。环状光圈的大小由不同大小的环状孔控制。使用不同的相差物镜时，应配合相应的环状光圈，并用合轴调节望远镜观察环状光圈和相板，调节至环状光圈的亮环与相板的暗环完全重合。这样，光线通过标本后，就必须经过相板而发生相位的改变，造成明暗差异的影像（图1-3）。环状光圈、相差物镜配合与调节好之后，其他操作方法与普通光学显微镜相同。

[荧光显微镜]

荧光显微镜（fluorescent microscope）是用来观察荧光性物质，特别是供免疫荧光技术应用的专门显微镜。荧光性物质含有荧光色素，当受到一定波长的短波光（通常是紫外线部分）照射，能够激发出较长波长的可见荧光。利用这一现象，把荧光色素与抗体结合起来，进行免疫荧光反应，可以在荧光显微镜中观察荧光影像，以作各种判定。

荧光显微镜的构造，也是以普通光学显微镜为基础，其显微部分也是一般的复式显微镜系统，但其光源与滤光部分等则有所不同（图1-4）。

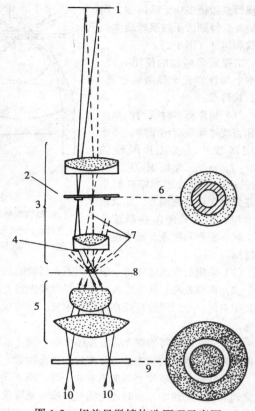

图1-3 相差显微镜构造原理示意图
1. 影像平面 2. 物镜的后焦点平面 3. 物镜 4. 直射光线 5. 集光器 6. 环状相板 7. 散射光线 8. 标本 9. 环状光圈 10. 光源

光源：荧光显微镜必须有发出高能量紫外线的光源，一般使用超高压水银灯。这种光源灯的亮度大，除紫外线外，还具有可见光。

滤光片：为了只许紫外线等特定激发光线通过，而阻止其他光线通过，以免影响标本中的荧光影像，在光源灯与反光镜之间安装一种激发滤光片（或称一次滤片），为了只让荧光通过而阻止紫外线通过，以保护观察者的眼睛，在目镜与物镜之间（或目镜内），安装另一种吸收滤光片，也叫保护滤光片（或称二次滤光片）。滤光片有各种型号，各有一定的滤光范围，两种滤光片必须适当配合，应根据所用荧光色素吸收光波（吸收光谱）和激发的荧光光波（荧光光谱）的特性去选择使用。

反光镜：普通光学显微镜所用的镀银反光镜，对紫外线反光不好。荧光显微镜的反光镜，多用镀铝制成，可以较好地反射紫外线。

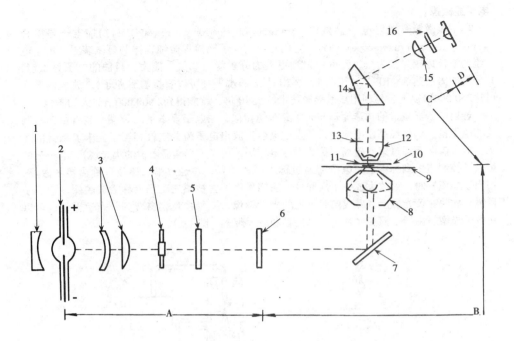

图 1-4 荧光显微镜的构造原理示意图

A. 由高压水银灯至激发滤光片一段的光线为白光（紫外光和其他可见光） B. 由激发滤光片至标本一段的光线为紫外线或蓝紫光 C. 由标本至吸收滤光片一段的光线为蓝紫及黄绿荧光 D. 由吸收滤光片至肉眼一段的光线为黄绿荧光

1. 反光镜 2. 超高压水银灯 3. 集光镜 4. 光圈 5. 吸（阻）热滤片 6. 激发滤光片 7. 反光镜 8. 集光器 9. 载玻片 10. 盖玻片 11. 标本 12. 物镜 13. 光圈 14. 变向棱镜 15. 目镜 16. 吸收滤光片

进行荧光显微镜镜检时，应先将光源调节好，使得最强光线通过标本，将反光镜和集光镜与光源相互配合，即可达到目的，然后升高集光器，并在其上滴加一滴无荧光的镜油（普通柏木油会发生荧光，不能使用）。在载物台上放上标本片，使其底面与镜油接触，与集光器连在一起，即可进行低倍镜或高倍镜检查。如用油镜观察，则标本片上也要滴加无荧光镜油。操作方法同暗视野显微镜。由于照射在标本上的光线是肉眼看不见的紫外线，无荧光物质，肉眼就看不见而呈黑暗背景，只有荧光物质，才能发生荧光，在黑暗背景中发亮，容易观察。荧光物质受紫外线照射时间过长，荧光会逐渐消失，因此，在镜检时应抓紧时间观察，不宜在同一部位观察时间过长。也可采取转换视野或间歇开（看时）、关（不看时）光源的办法，以作调节。

专门的荧光显微镜配合恰当，透镜系统质量优良，或以石英代替玻璃，使更多紫外光能通过，效果较好，但也可用普通光学显微镜代替。使用明视野显微镜集光器，或者为了减少可见光的干扰，使用暗视野集光器都可以。只要将光源和滤光装置等安排好，也能得到良好的效果。

[电子显微镜]

电子显微镜有透射电子显微镜（transmission electron microscope）和扫描电子显微镜（scanning electron microscope）两种，它们是利用电子流检视微细物体的显微装置，由于电子流的波长远较光波为短，就可以得到更大的分辨能力和放大能力。目前的电子显微镜，其分辨能力已达$3\times10^{-10}$m 甚至$1.4\times10^{-10}$m 的水平（可以直接看到原子），放大倍数亦可达250 000倍以上，再利用显微摄影技术放大10倍，就能得到2 500 000倍放大的图像。

透射电子显微镜的构造原理与光学显微镜相似，在电子显微镜的顶端，装有由钨丝制成的电子枪。钨丝经高压电流通过，发生高热，放出电子流，这就相当于光学显微镜的光源。电子流向下通过第一磁场（称为电磁电容场，相当于光学显微镜的集光镜），电子流的焦点被控制集中到标本上。电子流通过标本形成差异，再经过第二磁场（称为接物磁场，相当于物镜）时，被放大成一个居间像。居间像往下去被第三磁场（称为放映圈，相当于目镜）放映在荧光屏上，变成肉眼可见的光学影像，就可在观察窗看到，光学影像也可以在电子显微镜内摄于照相底片上，供冲晒和放大观察（图1-5）。

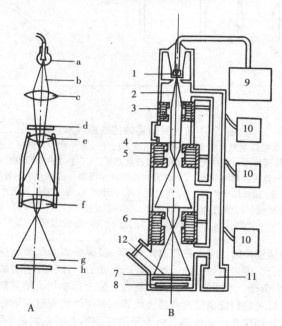

图1-5 电子显微镜的构造原理及其与光学显微镜的比较

A.光学显微镜　B.电子显微镜

a.光源——电灯　b.光线（在空气中）　c.集光器　d.标本（在空气中）
e.物镜　f.目镜　g.最后物像　h.照相底片（在空气中）
1.电子源——电子枪　2.电子流（在真空中）　3.第一电磁场　4.标本（在真空中）
5.第二电磁场　6.第三电磁场　7.荧光屏上的光学影像　8.照相底片（在真空中）
9.高压电源　10.电磁场电源　11.真空泵　12.观察窗

电子显微镜的电压越高，电子流速度越快，其分辨能力也就越强。电子流的通路上不能有游离气体分子存在，否则可与电子碰撞而使电子偏转，改变通路，引起物像散乱。因此，电子显微镜的内部必须高度真空。而高压装置和真空装置就是电子显微镜的重要组成部分。由于在高度真空的环境中并直接暴露在电子流之下，标本必须干燥，否则就会引起标本内的微生物或细胞体等发生收缩或变形。当然，不能观察活的微生物体，这是电子显微镜的一个缺点。

电子流的穿透能力是很弱的，不能透过玻璃片和较厚的物质，一般用火棉胶制成薄片，来作支持膜（相当于载玻片），其上放置被检物。按情况的不同使用各种制片方法（如投影或造影法、超薄切片法、复型法、负染色法、铁蛋白抗体法、超微放射自显术等）做成标本，即可进行镜检。电子显微镜所形成的物像，是由于标本中各物体的厚薄与密度不同，引起电子流发生折散与穿透差异所引起的。因此，没有颜色的区别，只表现为黑白的阴影。

扫描电子显微镜与透射电子显微镜各有特点，其基本结构及成像原理如图 1-6。电子枪发射的电子束经加速电压加速后由第一聚光镜、第二聚光镜组成的电子光学系统形成一个直径小于 10nm 的极细的电子束并聚焦于样品表面。当电子束以适当角度打在样品表面时，将产生二次电子、背散射电子、X 射线、透射电子等电子信息。信息的大小与样品的性质及表面形貌有关。根据不同的目的，利用不同的信息，可形成不同的像。在观察样品形貌时，检取的主要是二次电子及部分背散电子。让电子束逐点扫描样品表面，并用探测器检取电子信息，再经放大器放大后调制显像管的光点亮度。由于显像管的偏转线圈电流与扫描线圈电流同步，因此，探测器检出的信息便在显像管荧光屏上形成反映样品表面的形貌或性质的扫描电子图像。

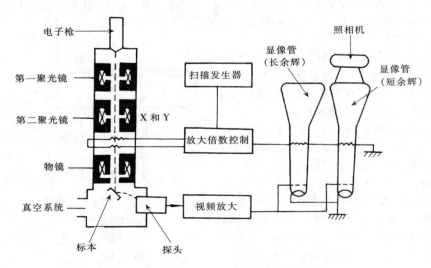

图 1-6 扫描电镜的基本结构及成像原理

扫描电镜的放大倍数为显像管扫描线长度与样品扫描线长度之比。因此，只要调节扫描线圈中电流的大小，就可以改变放大倍数。

扫描电镜一般有两个显像管，一个是长余辉的，可减少闪烁现象，观察时使用；另一个是短余辉的,照相时使用。两者由转换开关选择。

[扫描隧道显微镜]

扫描隧道显微镜(scanning tunneling microscopy,STM)是根据量子力学的隧道效应原理,利用电极间距变化形成的势垒改变隧道电流之间的关系,而设计的显微装置,简称STM。它可在原子尺度下观察和研究物体表面微观结构和电子态。

STM 由隧道结、防震屏蔽系统、信号处理显示与操作控制系统 3 部分构成。隧道结由两个电极和电极间的隧道空间组成,金属针尖(一般为钨)为一电极,该有效尖端达到原子尺度的针头附着在加压电陶瓷板上。样品为另一电极。针头和样品间的精确距离,由加在压电陶瓷正方向上的电压信号调节,该电压信号又由反馈回路控制。加在压电陶瓷 X、Y 方向上的反馈回路电压信号控制针尖,在研究样品表面上方 $10^{-10}$m 处扫描。隧道结中的电流大小,取决于势垒高度和宽度。当金属针尖、样品、针尖到样品之间的环境确定后,势垒高度就基本决定了。隧道电流取决于势垒宽度,且与针尖至样品的距离呈指数关系。通常距离变化 0.1nm,隧道电流改变 1 个数量级。针尖至样品正方向上的分辨率可达 0.02nm,X、Y 方向上的分辨率在 0.5～2nm 之间,当针尖在样品的表面扫描时,控制一定大小的扫描电流,就可以在电压陶瓷上得到反映样品细微的表面结构和电子状态。从而体现了 STM 同时具有表面结构的实空间显示特性和原子尺度的高分辨本领。

STM 在微电子工业、表面微加工、电化学、催化、生物化学和分子生物学等领域具有广阔的应用前景。不仅可用于研究半导体、金属、高温超导体、有机物、生物大分子的表面结构,而且可在超高真空、大气、水、电解质溶液、油脂、液氮等环境中对样品进行非破坏性测量。在生物学研究中,STM 成了极其重要的新工具,它可在接近生物体保持正常形态及功能的自然条件下,对生物体的分子结构进行观察和研究。

[显微镜照相]

要对光学显微镜下的图像作进一步观察或作为保留记录,可以进行显微镜照相(或称显微摄影)。其原理与普通照相技术是相同的,但需要与显微镜技术相配合。

显微镜照相装置,一般有两类形式。一类由安装附加套筒或接管,连接显微镜和照相机而成,可以适用于任何光学显微镜。通常使用能应用于 135(35mm)胶卷的帘式快门照相机,套筒与接管有各种形式的定型产品配套,可以选用。其中有一种套筒具有对焦观察镜(或称对光镜),所见图像与将在底片所成图像相同,可据此决定拍摄。这种套筒又有固定式(图 1-7)和活动近摄器(图 1-8)两种。另一种套筒没有对焦观察装置,只适用于具有对焦观察镜的照相机。后一种套筒结构简单,可以自己制备,主要应使套

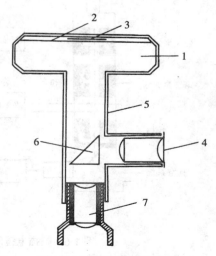

图 1-7 固定式套筒示意图
1. 照相机 2. 帘式快门 3. 胶卷底片
4. 对焦观察镜 5. 套筒 6. 棱镜 7. 目镜

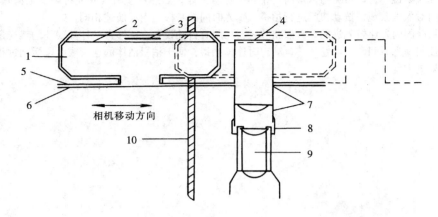

图 1-8 活动近摄器示意图
1．照相机(拆去镜头筒) 2．帘式快门 3．胶卷底片 4．对焦观察镜 5．活动板
6．固定底板 7．照相机镜头筒和接管 8．遮光套筒 9．显微镜目镜 10．支架
(实线表示对焦观察时位置，虚线表示拍摄时照相机位置)

筒长度合适，图像能恰当地落在底片上即可（图1-9）。

在进行显微镜照相时，应使用强灯光和适当滤光片，按常规将标本片图像选好并调好焦点至最清晰处。同时将照相机装上胶卷，拆去镜头筒，把机体安装在显微镜的目镜上，通过对焦观察镜和显微镜调节螺旋，最后校正图像，即可曝光拍摄，如要用照相机镜头筒拍摄，则需要加接适当的接管，使焦距缩短，便于准确近摄。

显微拍摄时，光圈、距离都已固定，一般只须掌握曝光时间即可。但这与标本情况、光线强度、滤光片性质、胶卷类型规格以及室温等有关。可先用测光表测定并决定曝光时间，或先行试拍，然后再作选择或校正，以后即可参照情况，按经验掌握。

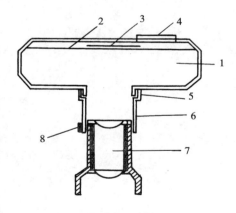

图 1-9 简单套筒装置示意图
1．照相机（拆去镜头筒） 2．帘式快门
3．胶卷底片 4．对焦观察镜 5．照相机与套筒连接螺旋口 6．套筒 7．显微镜目镜 8．套筒连接目镜松紧旋钮

另一类显微照相装置，是显微照相显微镜。此种显微镜可作为普通光学显微镜用，也可作显微拍摄用，照相装置安装在镜臂之内，设有胶卷安装盒、对焦观察镜（对光镜）、快门等部件。按常规操作调节好光线，并在显微镜下选择好标本图像，调节焦点，即可关闭目镜观察通路，打开摄影通路（一般将斜筒目镜座转动180°或拉动特设遮光转换轴），此时

在对焦观察镜中，即可见与目镜所见相同的标本图像，如焦点清晰（或经再调节至清晰），可关闭对焦观察镜，按动快门进行拍摄。曝光时间的掌握与上面所述相同。

目前国内外比较先进的显微照相装置，均附有自动设备，能够自动计算底片的感光量，自动控制曝光时间，自动卷片，自动定时连续拍摄，便于拍摄活体的连续或阶段活动过程，其效果更为良好。

# 实验二

# 细菌的基本形态及构造的观察

细菌是单细胞生物，尽管个体微小，但有其完整的形态特征和结构。细菌的基本形态可分为球状、杆状和螺旋状三种。除细胞壁、细胞膜、细胞质和核质等基本结构外，尚有鞭毛、菌毛、芽孢、荚膜、质粒等附属结构。

[目的要求]

（1）认识细菌的基本形态和构造。

（2）通过细菌标本片观察，进一步熟悉光学显微镜的使用。

[实验材料]

显微镜、香柏油、二甲苯、擦镜纸。

细菌标本片：革兰氏染色的葡萄球菌、链球菌、炭疽杆菌、弧菌、大肠杆菌等，巴氏杆菌、炭疽杆菌的姬姆萨染色的组织触片，其他观察芽孢、鞭毛、荚膜等结构的特殊染色标本。

[实验内容]

## 1. 细菌的形态

球菌

链球菌：注意其链状排列，链的长短，个体的形态。

葡萄球菌：注意其无一定次序，无一定数目，不规则地堆在一起的形态。

杆菌

单杆菌：注意其单个散在的状态，菌体外形、大小，菌端的形态。

双杆菌：注意其成双的排列以及菌体外形、大小，菌端的形态。

链杆菌：注意其成链状排列，链的长短，菌体的外形、大小，菌端的形态。

螺旋状菌

弧菌：注意其弯曲成弧形以及菌体大小，菌端的形态。

螺菌：注意其具有两个弯曲以上的螺旋状及菌体的长度、大小，菌端的形态。

## 2. 细菌的特殊构造

荚膜　注意荚膜的位置、形状、大小、染色及相互间的联结。

**鞭毛**　注意鞭毛的形态、长度、大小、数目及在菌体上的排列（单毛、丛毛、周毛）。
　　**芽孢**　注意芽孢的形状，与菌体相比的大小以及在菌体中的位置（中央、偏端、末端）。
　　**异染颗粒**　注意其与菌体不同的染色反应、形状、大小、多少、位置等。

[思考题]
　　1. 你所观察的标本片的细菌有哪些形态？
　　2. 绘出所观察标本片的细菌形态图。

# 实验三

# 细菌抹片的制备及染色

细菌细胞微小，无色而半透明，直接在普通光学显微镜下观察，只能大致见到其外貌，制成抹片和染色后，则能较清楚地显示其形态和结构，也可以根据不同的染色反应，作为鉴别细菌的一种依据。

常应用各种染料对细菌进行染色。由于毛细管、渗透、吸附和吸收等物理作用以及离子交换、酸碱亲和等化学作用，染料能使细菌着色，并且因细菌细胞的结构和化学成分不同而有不同的染色反应。

[目的要求]

(1) 掌握细菌抹片的制备方法和几种常用的染色方法。

(2) 认识革兰氏染色和抗酸染色的反应特性。

[实验材料]

(1) 载玻片、接种棒、酒精灯、火柴、吸水纸、生理盐水、各种染色液等。

(2) 菌种：大肠杆菌、炭疽杆菌、枯草杆菌、葡萄球菌的斜面、培养物和肉汤培养物各一管。

[实验内容]

**1. 细菌抹片的制备** 进行细菌染色之前，须先作好细菌抹片，其方法如下：

**玻片准备** 载玻片应清晰透明，洁净而无油渍，滴上水后，能均匀展开，附着性好。如有残余油渍，可按下列方法处理：滴95%酒精2~3滴，用洁净纱布揩擦，然后在酒精灯外焰上轻轻拖过几次。若仍不能去除油渍，可再滴1~2滴冰醋酸，用纱布擦净，再在酒精灯外焰上轻轻拖过。

**抹片** 所用材料情况不同，抹片方法也有差异。

液体材料（如液体培养物、血液、渗出液、乳汁等）可直接用灭菌接种环取一环材料，于玻片的中央均匀地涂布成适当大小的薄层。

非液体材料（如菌落、脓、粪便等）则应先用灭菌接种环取少量生理盐水或蒸馏水，置于玻片中央，然后再用灭菌接种环取少量材料，在液滴中混合，均匀涂布成适当大小的薄层。

组织脏器材料可先用镊子夹持中部，然后以灭菌或洁净剪刀取一小块，夹出后将其新鲜切面在玻片上压印（触片）或涂抹成一薄层。

如有多个样品同时需要制成抹片，只要染色方法相同，亦可在同一张玻片上有秩序地排好，做多点涂抹，或者先用蜡笔在玻片上划分成若干小方格，每方格涂抹一种样品。

**干燥** 上述涂片应让其自然干燥。

**固定** 有两类固定方法。

火焰固定：将干燥好的抹片，使涂抹面向上，以其背面在酒精灯外焰上如钟摆样来回拖过数次，略作加热（但不能太热，以不烫手为度）进行固定。

化学固定：血液、组织脏器等抹片要作姬姆萨（Giemsa）染色，不用火焰固定，而用甲醇固定，可将已干燥的抹片浸入甲醇中 2～3min，取出晾干；或者在抹片上滴加数滴甲醇使其作用 2～3min，自然挥发干燥，抹片如做瑞氏（Wright's）染色，则不必先做特别固定，染料中含有甲醇，可以达到固定的目的。

固定好的抹片就可进行各种方法的染色。

抹片固定的目的有如下几点：

(1) 除去抹片的水分，涂抹材料能很好地贴附在玻片上，以免水洗时易被冲掉。

(2) 使抹片易于着色或更好地着色，因为变性的蛋白质比非变性的蛋白质着色力更强。

(3) 可杀死抹片中的微生物。

必须注意，在抹片固定过程中，实际上并不能保证杀死全部细菌，也不能完全避免在染色水洗时不将部分抹片冲脱。因此，在制备烈性病原菌，特别是带芽孢的病原菌的抹片时，应严格慎重处理染色用过的残液和抹片本身，以免引起病原的散播。

**2．几种常用的染色方法** 只应用一种染料进行染色的方法称简单染色法，如美蓝染色法。应用两种或两种以上的染料或再加媒染剂进行染色的方法称复杂染色法。染色时，有些是将染料分别先后使用，有些则同时混合使用，染色后不同的细菌或物体，或者细菌构造的不同部分可以呈现不同颜色，有鉴别细菌的作用，又可称为鉴别染色，如革兰氏染色法、抗酸染色法、瑞氏染色法和姬姆萨染色法等。

**美蓝染色法** 细菌菌体蛋白质的等电点多偏酸性（pH2.0～5.0），而细菌生活环境的 pH 在 7.0 左右，此时，细菌菌体带负电荷，极易与碱性美蓝染料结合呈蓝色。

在已干燥固定好的抹片上，滴加适量的（足够覆盖涂抹点即可）美蓝染色液，经 1～2min，水洗，干燥（可用吸水纸吸干，或自然干燥，但不能烤干），镜检。菌体染成蓝色。

**革兰氏染色法** 革兰氏染色法的机理仍不太清楚，但一般认为与细菌细胞壁的结构和化学成分有关。革兰氏阴性菌的细胞壁，其脂类含量较多，当以

95%酒精脱色时，脂类被溶去，使得细胞壁孔隙变大，尽管95%酒精处理能使肽聚糖孔隙缩小，但因其肽聚糖含量较少，细胞壁缩小有限，故能让结晶紫（或龙胆紫）与碘形成的紫色染料复合物被95%酒精洗脱出细胞壁之外，而被后来红色的复染剂染成红色。而革兰氏阳性细菌细胞壁所含脂类少，肽聚糖多，经95%酒精脱色时其细胞壁孔隙缩小到不易让结晶紫（或龙胆紫）与碘形成的紫色染料复合物洗出细胞壁外，而被染成紫色。染色步骤为：

(1) 在已干燥、固定好的抹片上，滴加草酸铵结晶紫溶液，经1～2min，水洗。

(2) 加革兰氏碘溶液于抹片上媒染，作用1～3min，水洗。

(3) 加95%酒精于抹片上脱色，约0.5～1min，水洗。

(4) 加稀释的石炭酸复红（或沙黄水溶液）复染10～30s，水洗。

(5) 吸干或自然干燥，镜检。革兰氏阳性菌呈蓝紫色，革兰氏阴性菌呈红色。

**抗酸染色法** 抗酸杆菌类一般不易着色，需用强浓染液加温或延长时间才能着色，但一旦着色后即使用强酸、强碱或酸酒精也不能使其脱色。其原因有二：一是细菌细胞壁含有丰富的蜡质（分支菌酸），它可阻止染液透入菌体内着染，但一旦染料进入菌体后就不易脱去；二是菌体表面结构完整，当染料着染菌体后即能抗御酸类脱色，若胞膜及胞壁破损，则失去抗酸性染色特性。

(1) 姜-尼（Ziehl-Neelsen）氏染色法：首先在已干燥、固定好的抹片上滴加较多的石炭酸复红染色液（见附录一），在玻片下以酒精灯火焰微微加热至产生蒸汽为度（不要煮沸），维持微微产生蒸汽，经3～5min，水洗。然后用3%盐酸酒精脱色，至标本无色脱出为止，充分水洗。再用碱性美蓝染色液复染约1min，水洗。最后吸干，镜检。抗酸性细菌呈红色，非抗酸性细菌呈蓝色。

(2) 又法之一：固定后的抹片上滴加Kinyoun氏石炭酸复红染液，历时3min。此液配法为：

碱性复红　　　　　4g　　　　95%乙醇　　　　20mL
石炭酸　　　　　　9mL　　　蒸馏水　　　　　100mL
将碱性复红溶于酒精，再缓缓加水并摇振，再加入石炭酸混合。
连续水洗90s后滴加Gabbott氏复染液历时1min。此液配法为：
美蓝　　　　　　　1g　　　　无水乙醇　　　　20mL
浓硫酸　　　　　　20mL　　蒸馏水　　　　　50mL
先将美蓝溶于乙醇，再加蒸馏水，再加硫酸。
连续水洗1min，吸干，镜检。抗酸菌呈红色，其他菌呈蓝色。

(3) 又法之二：滴加石炭酸复红染液于抹片（已干燥固定过的）上染1min；水洗；再用1%美蓝酒精液复染20s；水洗、干燥、镜检。抗酸性菌呈红色。镜检前对光检查染色片，标本片务必呈蓝色，如标本片呈现红色或棕色，表示复染不足，应再复染5～10min，再观察，如仍未全呈蓝色时，仍可反复复染，至符合要求为止。

**瑞氏染色法**　瑞氏染料是碱性美蓝与酸性伊红钠盐混合而成的染料，当溶于甲醇后即发生分离，分解成酸性和碱性两种染料。由于细菌带负电荷，与带正电荷的碱性染料结合而成蓝色。组织细胞的细胞核含有大量的核糖核酸镁盐，也与碱性染料结合成蓝色。而背景和细胞浆一般为中性，易与酸性染料结合染成红色。

（1）抹片自然干燥后，滴加瑞氏染色液于其上，为了避免很快变干，染色液可稍多加些，或看情况补充滴加；经 1~3min，再加约与染液等量的中性蒸馏水或缓冲液，轻轻晃动玻片，使之与染液混合，经 5min 左右，直接用水冲洗（不可先将染液倾去），吸干或烘干，镜检。细菌染成蓝色，组织细胞的细胞胞浆将呈红色，细胞核呈蓝色；

（2）或抹片自然干燥后，按抹片点大小盖上一块略大的清洁滤纸片，在其上轻轻滴加染色液，至略浸过滤纸，并视情况补滴，维持不使变干；染色 3~5min，直接以水冲洗，吸干或烘干，镜检。此法的染色液经滤纸滤过，可大大避免沉渣附着抹片上而影响镜检观察。

**姬姆萨染色法**　原理与瑞氏染色法相同。

（1）于 5mL 新煮过的中性蒸馏水中滴加 5~10 滴姬姆萨染色液原液，即稀释为常用的姬姆萨染色液。

（2）抹片甲醇固定并干燥后，在其上滴加足量染色液或将抹片浸入盛有染色液的染缸中，染色 30min，或者染色数小时至 24h，取出水洗，吸干或烘干，镜检。细菌呈蓝青色，组织细胞胞浆呈红色，细胞核呈蓝色。

**[思考题]**

1. 制备细菌染色标本片时，应注意哪些事项？
2. 涂片固定的意义何在？固定时应注意什么问题？
3. 革兰氏染色的原理及染色成败的关键步骤是什么？
4. 比较常用细菌染色方法的异同及主要适用范围。

# 实验四

# 培养基的制备

培养基是用人工方法将多种物质按照各类微生物生长的需要而合成的一种混合营养基质，一般用于分离和培养细菌。常用的培养基有基础培养基、增菌培养基、选择培养基、鉴别培养基和厌氧培养基。

[目的要求]

（1）掌握一般培养基制备的原则和要求。

（2）熟悉一般培养基制备的过程。

（3）掌握培养基酸碱度的测定。

[制作的一般要求]

（1）培养基必须含有细菌生长所需要的营养物质。

（2）培养基的材料和盛培养基的容器应没有抑制细菌生长的物质。

（3）培养基的酸碱度应符合细菌生长的要求。多数细菌生长适宜 pH 范围是弱碱性（pH7.2～7.6）。

（4）所制培养基应该是透明的，以便观察细菌的生长性状和其他代谢活动所产生的变化。

（5）必须彻底灭菌，不得含有任何活细菌。

[制备的一般过程]

不同的培养基其制备的方法不同，一般有如下步骤：

（1）根据不同的种类和用途，选择适宜的培养基。

（2）按培养基配方称好各种原料，培养基内用的试剂药品必须达到化学纯或分析纯，各种成分的称量必须精确。

（3）将各种成分按规定混合、加热溶解，调整 pH 到适宜的范围内。再加热煮沸 10～15min（注意补加液体的损耗）。

（4）滤过（用滤袋或纱布棉花）、分装、灭菌，不同培养基的灭菌温度和时间不同，通常为 103.41kPa（15 磅压力）15～20min。

（5）培养基中的某些成分，如血清、腹水、糖类、尿素、氨基酸、酶等，在高温下易分解、变性，故应用滤菌器滤过，再按规定的温度和量加入培养基中。

(6) 无菌检查。取制好的培养基数管，置37℃恒温箱内24h，无细菌生长即可使用。

[实验材料]

(1) 器皿：量筒（100mL）、烧杯（1 000mL和100mL各一个）、漏斗、三角烧瓶（100mL）、试管、玻棒、刻度吸管（1mL和10mL各一个）、pH试纸、纱布、脱脂棉、天平、电炉、试管塞、包装纸、扎绳、洗耳球等。

(2) 试剂：牛肉膏、蛋白胨、氯化钠、磷酸氢二钾、琼脂条或粉、0.1mol/L和1mol/L的氢氧化钠、0.1mol/L和1mol/L的盐酸溶液、蒸馏水、脱纤绵羊血液或家兔血液。

[方法和步骤]

每组需制备普通肉汤培养基和普通琼脂培养基各500mL。各分装试管15管，剩余部分装入500mL灭菌盐水瓶中。

**1. 普通肉汤培养基的制作**

(1) 按以下剂量称取各种试剂（先称取盐类再称蛋白胨及牛肉膏），置于铝锅或搪瓷缸中。

| | |
|---|---|
| 牛肉膏 | 5g |
| 蛋白胨 | 10g |
| 氯化钠 | 5g |
| 磷酸氢二钾 | 1g |
| 蒸馏水 | 1 000mL |

(2) 将上述成分混合加热溶解后，以0.1mol/L氢氧化钠溶液调整酸碱度至pH7.4~7.6。

初配好的牛肉膏蛋白胨培养液是偏酸性的，故要用NaOH调整。为避免过碱，应缓慢加入NaOH，边加边搅拌，并不时地用pH试纸测试。也可取培养基5mL于干净试管中，逐滴加入NaOH调pH至7.4~7.6，并记录NaOH的用量，再换算出培养基总体积中须加入NaOH的数量，即可调至所需的pH范围。

计算公式：所需0.1mol/L氢氧化钠量=（培养基量×校正时用去0.1mol/L NaOH量）/5

假如，5mL培养基pH调至7.6时用去0.1mol/L NaOH为1.2mL，测1 000mL培养基需加0.1mol/L NaOH量为（1 000×1.2）/5=240mL，即在1 000mL培养基中加0.1mol/L NaOH溶液240mL才能使培养基达到预定的pH浓度。为避免加量过多，影响培养基浓度，故在1 000mL培养基中可改加入24mL 1mol/L或2.4mL 10mol/L NaOH溶液。

(3) 将pH测定后的肉汤培养基用滤纸过滤。

(4) 将过滤好的肉汤分装试管，每管约 5mL，塞上棉塞，用包装纸扎好待灭菌。

(5) 将培养基置高压蒸汽锅内，121℃灭菌 15~30min。

**2. 普通琼脂培养基的制作**

  普通肉汤     500mL

  琼脂       10g

琼脂是由海藻中提取的一种多糖类物质，对病原性细菌无营养作用，但在水中加热可融化，冷却后可凝固。在液体培养基中加入琼脂 1.5%~2%，即成固体培养基，如加入 0.3%~0.5% 则成半固体培养基。

(1) 将称好的琼脂加到普通肉汤内，加热煮沸，待琼脂完全融化后，将 pH 调至 7.4~7.6（方法同前），再加热煮沸 20min，并注意补充蒸发的水分，琼脂溶化过程中需不断搅拌，并控制火力，不要使培养基溢出或烧焦。

(2) 用蒸馏水湿润夹有薄层脱脂棉的纱布过滤，边过滤边分装试管（使热培养基陆续加入漏斗中，切勿使培养基凝固在纱布棉花上），每管约 4~5mL（约 3 指高），试管分装完毕塞好棉塞，剩余部分装入灭菌盐水瓶中，包扎好待灭菌。

(3) 高压蒸汽灭菌后（方法同上），趁热将试管口一端搁在玻棒上，使之有一定坡度，凝固后即成普通琼脂斜面，也可直立，凝固后即成高层琼脂。

(4) 剩余部分的普通琼脂以手掌感触，若将琼脂瓶紧握手中觉得烫手，但仍能握持时，即为倾倒平皿的合适温度（50~60℃）。每只灭菌培养皿倒入 10~15mL，将皿盖盖上，并将培养皿于桌面上轻轻回转，使培养基平铺于皿底，即成普通琼脂平板。

(5) 培养基中的某种成分，如血清、糖类、尿素、氨基酸等在高温下易于分解、变性，故应过滤除菌，再按规定的量加入到培养基中。

**3. 鲜血琼脂培养基制备**

(1) 将灭菌的普通琼脂培养基加热融化，待冷至 50℃左右，加入无菌的脱纤绵羊或家兔鲜血 5%（即每 100mL 普通琼脂加入鲜血 5~6mL）混合后，分装灭菌试管立即摆成斜面或倾注于灭菌平皿（如果琼脂温度过高，鲜血加入后则成紫褐色，温度过低，则鲜血加入琼脂易凝不易混合。注意，混合时切勿产生气泡）。待凝固后，置 37℃培养 24h，无菌检验合格方可应用。

(2) 无菌血液是用无菌操作方法采自健康动物，通常是绵羊或家兔的血液，加到盛有 5% 灭菌枸橼酸钠或 3% 灭菌肝素的 100mL 三角瓶内，或加到盛有玻璃小珠的灭菌三角瓶内摇匀脱纤后置冰箱中待用。

**4. 半成品培养基的制备** 半成品培养基成分无需自己配制，有现成的商品出售。只要按瓶签上的说明及所需量和要求直接溶解、分装、灭菌制成平板或斜面即可。半成品培养基，根据培养基所含成分的特性不同，有的可高压灭菌，有的则不宜高压灭菌，如SS琼脂、沙门氏菌、志贺菌选择培养基不可高压灭菌或过久加热，麦康凯琼脂、三糖铁琼脂均可进行高压灭菌。

[思考题]

　　1. 为什么在校正培养基pH时，少量培养基时用0.1mol/L NaOH，而大量时用1mol/L或10mol/L的NaOH？

　　2. 为什么肉汤培养基在高压灭菌之前其pH要略微调高一些？

　　3. 试述普通肉汤和普通琼脂培养基的主要用途。

# 实验五

# 细菌分离培养及移植

在细菌学诊断中，分离培养是不可缺少的一环。分离培养的目的主要是在含多种细菌的病料或培养物中挑选出某种细菌。在分离培养时应注意：选择适合于所分离细菌生长的培养基、培养温度、气体条件等。同时应严格按无菌操作程序进行实验，并做好标记。

[目的要求]
(1) 掌握细菌分离培养的基本要领和方法。
(2) 掌握厌氧菌培养的原理及其方法。

[实验材料]
菌种：大肠杆菌斜面、大肠杆菌与金黄色葡萄球菌混合培养肉汤等。
器械：剪刀、记号笔（以上小组共用）。
培养基：普通肉汤和普通琼脂斜面、普通琼脂和鲜血琼脂平板、酒精灯、接种环（以上每人一套）。

[需氧性细菌分离培养法]
**1. 划线分离培养法** 此法为常用的细菌分离培养法。平板划线培养的方法甚多，可按各人的习惯选择应用，其目的都是达到使被检材料适当的稀释，以求获得独立单在的菌落，防止发育成菌苔，以致不易鉴别其菌落性状。划线培养时须注意以下几点：

(1) 左手持皿，用左手的拇指、食指及中指将皿盖揭开呈 20°左右的角度（角度愈小愈好，以免空气中的细菌进入皿中将培养基污染）。

(2) 右手持接种环，从大肠杆菌与金黄色葡萄球菌混合培养肉汤中取少许材料涂布于培养基边缘，然后将接种环上多余的材料在火焰中烧毁，待接种环冷却后，再与所涂材料的地方轻轻接触，开始划线，方法如图5-1。

(3) 划线前先将接种环稍稍弯曲，这样易和平皿内琼脂面平行，不致划破培养基。

(4) 划线中不宜过多地重复旧线，以免形成菌苔。

(5) 接种完毕，在皿底上作好菌名、日期和接种者等标记，平皿倒扣，置37℃培养。

## 2. 纯培养的获得与移植法

将划线分离培养 37℃ 24h 的平板从温箱取出，挑取单个菌落，经染色镜检，证明不含杂菌，此时用接种环挑取单个菌落，移植于琼脂斜面培养，所得到的培养物，即为纯培养物，再作其他各项试验检查和致病性试验等。具体操作方法如下：

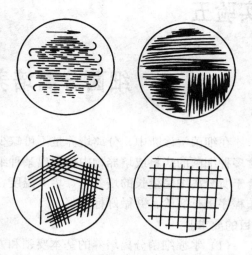

图5-1 琼脂平板上各种方式的划线培养法

（1）两试管斜面移植时，左手斜持菌种管和被接种琼脂斜面管，使管口互相并齐，管底部放在拇指和食指之间，松动两管棉塞，以便接种时容易拔出（图5-2）。右手持接种棒，在火焰上灭菌后，用右手小指和无名指并齐同时拔出两管棉塞，将管口进行火焰灭菌，使其靠近火焰（图5-3）。将接种环伸入菌种管内，先在无菌生长的琼脂上接触使之冷却，再挑取少许细菌后拉出接种环立即伸入另一管斜面培养基上，勿碰及斜面和管壁，直达斜面底

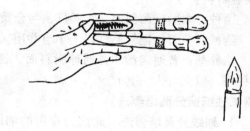

图5-2 手持试管法

部。从斜面底部开始划曲线，向上至斜面顶端为止，管口通过火焰灭菌，将棉塞塞好（图5-4）。接种完毕，接种环通过火焰灭菌后放下接种棒。最后在斜面管壁上注明菌名、日期和接种者，置37℃温箱中培养。

（2）从平板培养基上选取可疑菌落移植到琼脂斜面上作纯培养时，则用右手执接种棒，将接种环火焰灭菌，左手打开平皿盖，挑取可疑菌落，左手盖上平皿盖后立即取斜面管，按上述方法进行接种、培养。

**3. 肉汤增菌培养** 为了提高由病料中分离培养细菌的机会，在用平板培养基做分离培养的同时，多用普通肉汤做增菌培养，病料中即使细菌很少，这样做也多能检查出。另外用肉汤培养细菌，以观察其在液体培养基上的生长表现，也是鉴别细菌的依据之一。其操作方法与斜面纯培养相同：无菌取病料少许接种增菌培养基或普通肉汤管内于37℃下培养。

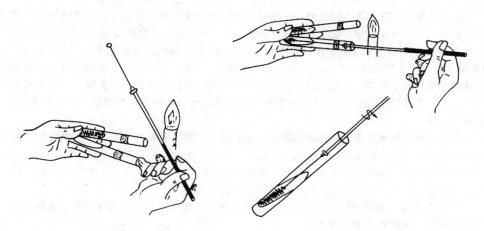

图 5-3　拔试管棉塞示意图　　　　图 5-4　斜面接种方法示意图

**4．穿刺培养**　半固体移植用穿刺法接种。方法基本上与纯培养接种相同，不同的是用接种针挑取菌落，垂直刺入培养基内。要从培养基表面的中部一直刺入管底，然后按原方向退出即可。

**5．倾注培养法**　取 3 支融化后冷却至 45℃ 左右的琼脂管，用接种环取一环培养物移至第一管内，摇匀。从第一管取一接种环至第 2 管，振荡。再由第 2 管取一接种环至第 3 管，混匀。将 3 管含有培养物的琼脂分别倒入 3 个灭菌培养皿内做成平板，凝固后倒放于 37℃ 恒温箱内培养，24h 后观察结果。第一管的平板菌数甚多，而第 2、第 3 管之平板则渐渐减少，此法现在应用较少。

**6．芽孢需氧菌分离培养法**　若怀疑材料中有带芽孢的细菌，先将检查材料接种于一个含有液体培养基的试管中，然后将它置于水浴箱，加热到 80℃，维持 15～20min，再行培养。材料中若有带芽孢的细菌，其仍能存活并发育生长，不耐热的细菌繁殖体则被杀灭。

**7．利用化学药品的分离培养法**　抑菌作用：有些药品对某些细菌有极强的抑制作用，而对另一些细菌则无效，故可利用此种特性来进行细菌的分离，例如通常在培养基中加入结晶紫或青霉素抑制革兰氏阳性菌的生长，以分离革兰氏阴性菌。

杀菌作用：将病料如结核病病料加入 15% 硫酸溶液中处理，其他杂菌皆被杀死，结核菌因具有抗酸活性而存活。

鉴别作用：根据细菌对某种糖具有分解能力，通过培养基中指示剂的变化来鉴别某种细菌。例如 SS 琼脂培养基可以用做鉴别大肠杆菌与沙门氏杆菌。

**8．通过实验动物分离法**　当分离某种病原菌时，可将被检材料注射于敏感性高的实验动物体内，如将结核菌材料注射于豚鼠体内，杂菌不发育，而豚鼠最终患慢性结核病而死。实验动物死后，取心血或脏器用以分离细菌。有时甚至可得到纯培养。

**[厌氧性细菌的分离培养法]**

厌氧菌需有较低的氧化-还原势能才能生长（例如破伤风梭状芽孢杆菌需氧化-还原电

势降低至0.11V时才开始生长），在有氧的环境下，培养基的氧化-还原电势较高，不适于厌氧菌的生长。为使培养基降低电势，降低培养环境的氧压是十分必要的。现有的厌氧培养法甚多，主要有生物学、化学和物理学3种方法，可根据各实验室的具体情况而选用。

**1. 生物学方法** 培养基中含有植物组织（如马铃薯、燕麦、发芽谷物等）或动物组织（新鲜无菌的小片组织或加热杀菌的肌肉、心、脑等），由于组织的呼吸作用或组织中的可氧化物质氧化而消耗氧气（如肌肉或脑组织中不饱和脂肪酸的氧化能消耗氧气，碎肉培养基的应用，就是根据这个原理），组织中所含的还原性化合物如谷胱甘肽也可以使氧化-还原电势下降。

另外，将厌氧菌与需氧菌共同培养在一个平皿内，利用需氧菌的生长将氧消耗后，使厌氧菌能生长。其方法是将培养皿的一半接种吸收氧气能力强的需氧菌（如枯草杆菌），另一半接种厌氧菌，接种后将平皿倒扣在一块玻璃板上，并用石蜡密封，置37℃恒温箱中培养2~3d后，即可观察到需氧菌和厌氧菌均先后生长。

**2. 化学方法** 利用还原作用强的化学物质，将环境或培养基内的氧气吸收，或用还原氧化型物质，降低氧化-还原电势。

李伏夫（B.M.JIbbob）法 此法系用连二亚硫酸纳（Sodium hydrosulphite）和碳酸钠以吸收空气中的氧气，其反应式如下：

$$Na_2S_2O_4 + Na_2CO_3 + O_2 \rightarrow Na_2SO_4 + Na_2SO_3 + CO_2$$

取一有盖的玻璃罐，罐底垫一薄层棉花，将接种好的平皿重叠正放于罐内(如系液体培养基，则直立于罐内)，最上端保留可容纳1~2个平皿的空间(视玻罐的体积而定)，按玻罐的体积每1 000cm³空间用连二亚硫酸钠及碳酸钠各30g，在纸上混匀后，盛于上面的空平皿中，加水少许使混合物潮湿，但不可过湿，以免罐内水分过多。若用无盖玻罐，则可将平皿重叠正放在浅底容器上，以无盖玻罐罩于皿上，罐口周围用胶泥或水银封闭(如图5-5)。

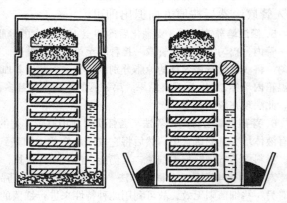

图5-5 李伏夫氏厌氧培养法

焦性没食子酸法 焦性没食子酸在碱性溶液中能吸收大量氧气，同时由淡棕变为深棕色的焦性没食橙（Purpurgallin）。

每100cm³空间用焦性没食子酸1g及10%氢氧化纳或氢氧化钾10ml，其具体方法主要有下列几种：

(1) 单个培养皿法：将厌氧菌接种于血琼脂平板。取方形玻璃板一块，中央置纱布或棉花或重叠滤纸一片，在其上放焦性没食子酸0.2g及10%NaOH溶液0.5mL。迅速拿去皿盖，将培养皿倒置于其上，周围以融化石蜡或胶泥密封。将此玻璃板连同培养皿放入37℃温箱培养24~48h后，取出观察。

(2) Buchner 氏试管法（图 5-6）：取一大试管，在管底放焦性没食子酸 0.5g 及玻璃珠数个或放一螺旋状铅丝。将已接种的培养管放入大试管中，迅速加入 20% NaOH 溶液 0.5ml，立即将管口用橡皮塞塞紧，必要时周围封以石蜡。37℃ 培养 24～48h 后观察。

(3) 玻罐或干燥器法：置适量焦性没食子酸于一干燥器或玻罐的隔板下面，将培养皿或试管置于隔板上，并在玻罐内置美蓝指示剂一管，从罐侧加入氢氧化钠溶液放于罐底，将焦性没食子酸用纸或纱布包好，用线系住，暂勿与氢氧化钠接触，待一切准备好后，将线放下，使焦性没食子酸落入氢氧化纳溶液中，立即将盖盖好，封紧，置温箱中培养。

(4) 瑞（Wright）氏法：将已接种细菌的培养管的脱脂棉塞在火焰中烧灼灭菌后，塞入管中离培养基 1～1.5cm 处，置适量焦性没食子酸于其上，加入 10% NaOH 溶液 2ml，迅速用橡皮塞将管口塞紧，以胶泥或石蜡严密封闭置温箱中培养（图 5-7）。

图 5-6　Buchner 氏厌氧培养法

图 5-7　瑞氏厌氧培养法

(5) 史（Spray）氏法：用图 5-8 所示的厌氧培养皿，在皿底一边置焦性没食子酸，另一边置氢氧化钠溶液，将已接种的平皿翻盖于皿上，并将接合处用胶泥或石蜡密封完全，然后摇动底部，使氢氧化钠溶液与焦性没食子酸混合，置温箱中培养。

(6) 平皿法：置一片中有小圆孔的金属板于两平皿之间，上面的平皿接种细菌，下面的平皿盛焦性没食子酸及氢氧化钠溶液，用胶泥封固后，置温箱中培养（图 5-9）。

图 5-8　史氏厌氧培养皿

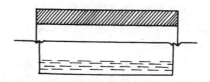

图 5-9　平皿厌氧培养法

硫乙醇酸钠法　硫乙醇酸钠（$HSCH_2COONa$）是一种还原剂，加入培养基中，能除去其中的氧或还原氧化型物质，促使厌氧菌生长。其他可用的还原剂包括葡萄糖、维生素 C、半胱氨酸等。

(1) 液体培养基法：将细菌接种入含 0.1%的硫乙醇酸钠液体培养基中，37℃培养 24～48h 后观察，本培养基中加美蓝液作为氧化还原的指示剂，在无氧条件下，美蓝被还原成无色。

(2) 固体培养基法：常采用特殊构造的 Brewer 氏培养皿，可使厌氧菌在培养基表面生长而形成孤立的菌落。操作过程是先将 Brewer 氏皿干热灭菌，将熔化且冷却至 50℃ 左右的硫乙醇酸钠固体培养基倾入皿内。待琼脂冷凝后，将厌氧菌接种于培养基的中央部分。盖上皿盖，使皿盖内缘与培养基外围部分相互紧密接触（图 5-10）。此时皿盖与培养基

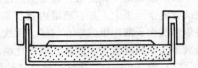

图 5-10　Brewer 氏厌氧培养皿

中央部分留在空隙间的少量氧气可被培养基中的硫乙醇酸钠还原，故美蓝应逐渐褪色，而外缘部分，因与大气相通，故仍呈蓝色。将 Brewer 氏培养皿置于 37℃ 恒温箱内，经过 24～48h 后观察。

**3. 物理学方法**　利用加热、密封、抽气等物理学方法，以驱除或隔绝环境及培养基中的氧气，使其形成厌氧状态，有利于厌氧菌的生长发育。

**厌氧罐法**　常用的厌氧罐有 Brewer 氏罐、Broen 氏罐和 Mclntosh-Fildes 二氏罐（图 5-11）。将接种好的厌氧菌培养皿依次放于厌氧罐中，先抽去部分空气，代以氢气至大气压。通电，使罐中残存的氧与氢经铂或钯的催化而化合成水，使罐内氧气全部消失。将整个厌氧罐放入孵育箱培养。本法适用大量的厌氧菌培养。

**真空干燥器法**　将欲培养的平皿或试管放入真空干燥器中，开动抽气机，抽至高度真空后，替代以氢、氮或二氧化碳气体。将整个干燥器放进孵育箱培养。

**高层琼脂法**　加热融化高层琼脂，冷至 45℃ 左右接种厌氧菌，迅速混合均匀。冷凝后 37℃ 培养，厌氧菌在近管底处生长。

**加热密封法**　将液体培养基放在阿诺氏蒸锅内加热 10min，驱除溶解于液体中的空气，取出，迅速置于冷水中冷却。接种厌氧菌后，在培养基液面覆盖一层约 0.5cm 的无菌凡士林石蜡，置 37℃ 培养。

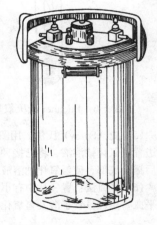

图 5-11　Mclntosh-Fildes 二氏厌氧罐

此外，尚有摇振培养法，此处从略。

**[二氧化碳培养法]**

少数细菌如布氏杆菌（牛型）等，孵育时，需大气中添加 5%～10% 二氧化碳，方能使之生长繁殖旺盛。常用的方法是置于 $CO_2$ 培养箱中进行培养；最简单的二氧化碳培养法是在盛放培养物的有盖玻璃缸内，燃点蜡烛，当火焰熄灭时，该缸的大气中，就约增加了 5%～10% 的二氧化碳。也可用化学物质作用后生成二氧化碳，如碳酸氢钠与硫酸钠或碳酸氢钠与硫酸作用即可生成二氧化碳。若各用 0.4% $NaHCO_3$ 与 30% $H_2SO_4$ 1mL，则可产生 22.4mL 的二氧化碳气体。

[思考题]

1. 分离培养的目的是什么？何谓纯培养？
2. 在挑取固体培养物上的细菌作平板分区划线时，为什么在每区之间都要将接种环上剩余的细菌烧掉？
3. 培养皿培养时为什么要倒置？

# 实验六

# 细菌在培养基中的生长表现及细菌运动力检查

每一种微生物都有其特殊的生物学特性,细菌在适宜的生长条件下,在特定的培养基中有其特征性的生长表现,可作为鉴定细菌种类的依据。

[目的要求]

(1) 了解细菌的菌落形态及其在各种培养基上的生长表现。
(2) 了解培养性状对细菌鉴别的重要意义。
(3) 掌握检查细菌运动力的几种方法。
(4) 区别细菌的真正运动和受外力作用的摆动或移动。

[实验材料]

(1) 葡萄球菌、炭疽杆菌、巴氏杆菌、猪丹毒杆菌的普通平板或鲜血(血清)平板、斜面、琼脂穿刺及明胶穿刺培养物。
(2) 马链球菌马亚种、绿脓杆菌、葡萄球菌、大肠杆菌、炭疽杆菌的肉汤培养物,厌氧梭菌的熟肉培养基培养物。
(3) 大肠杆菌、葡萄球菌的半固体穿刺培养物。
(4) 凹玻片、凡士林等。

[细菌在固体培养基上的生长表现]

**1. 琼脂平板上的生长表现** 细菌在固体培养基表面生长繁殖,可形成肉眼可见的菌落。各种细菌的菌落,按其特征的不同,可以在一定程度上进行鉴别。例如,葡萄球菌在琼脂平皿上,由于产生色素的不同,形成各种颜色的圆形而突起的菌落;炭疽杆菌形成扁平、干燥、边缘不整齐的波纹状菌落,用放大镜观察时,呈卷发样;肠道杆菌属的细菌,形成圆形、湿润、黏稠、扁平、大小不等之菌落;巴氏杆菌和猪丹毒杆菌,形成细小露珠状菌落。菌落的观察方法除肉眼外,可用放大镜,必要时也可用低倍显微镜进行检查。观察的主要内容有:

大小 菌落的大小,规定用毫米(mm)表示,一般不足 1mm 者为露滴状菌落,1~2mm 者为小菌落;2~4mm 者为中等大菌落;4~6mm 或更大者称为大菌落、巨大菌落。

形状　菌落的外形有圆形、不正形、根足形、葡萄叶形。
边缘　菌落边缘有整齐、锯齿状、网状、树叶状、虫蚀状、放射状等。
表面性状　观察其表面平滑、粗糙、皱襞状、旋涡状、荷包蛋状，甚至有子菌落等（图6-1）。

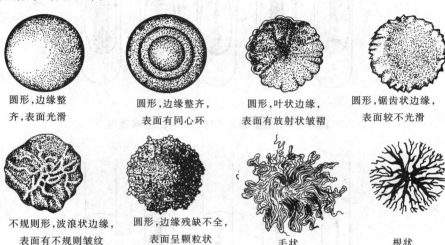

图6-1　菌落的形状、边缘和表面构造

隆起度　表面有隆起、轻度隆起、中央隆起，也有陷凹或堤状者（图6-2）。

颜色及透明度　菌落有无色、灰白色，有的能产生各种色素；菌落是否光泽、透明、半透明及不透明。

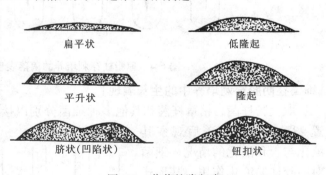

图6-2　菌落的隆起度

硬度　黏液状、膜状、干燥或湿润等。
溶血　若是鲜血琼脂平皿，应看其是否溶血，溶血情况怎样。

**2. 琼脂斜面上生长表现**　将各种细菌分别以接种针直线接种于琼脂斜面上（自底部向上划一直线），培养后观察其生长表现，如图6-3所示各种生长方式。

**3. 琼脂柱穿刺培养中的生长表现**　将各种细菌分别以接种针穿刺接种于琼脂柱中，培养后观察其生长表现，如图6-4所示各种生长方式。

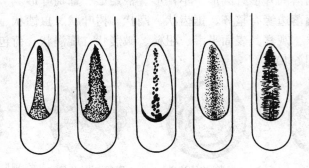

图 6-3 琼脂斜面直线接种培养的菌落表现

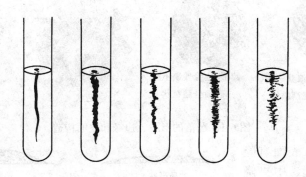

图 6-4 琼脂柱穿刺培养的菌落表现

[细菌在明胶穿刺培养中的生长表现]

取大肠杆菌、枯草杆菌和其他多种细菌分别以接种针穿刺接种于明胶柱，置 22℃ 温箱中培养后观察其液化与否和液化的情况。细菌对明胶柱的液化作用，其形式如图 6-5 所示。

[细菌在液体培养基中的生长表现]

1. 肉汤中生长表现　将马链球菌马亚种、绿脓杆菌、葡萄球菌、大肠杆菌、炭疽杆菌等分别接种于肉汤中，培养后观察其生长情况，注意其混

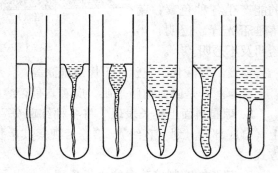

图 6-5 细菌明胶柱穿刺培养生长表现

浊度、沉淀物、菌膜、菌环和颜色等（图6-6）。

细菌在肉汤中所形成的沉淀有：颗粒状沉淀、黏稠沉淀、絮状沉淀、小块状沉淀。另外还有不生成沉淀的菌种。

**2. 细菌在熟肉培养基中生长表现** 取各种厌氧梭菌分别接种于熟肉培养基中，培养后观察其生长表现，注意其混浊度、沉淀、碎肉的颜色和碎肉块被消化的情况。

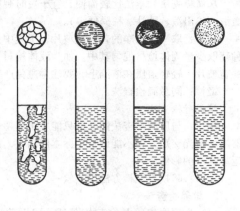

图6-6 细菌在肉汤中生长表现

[细菌运动力的检查]

**1. 显微镜直接检查法** 一部分细菌具有运动能力，可以独立运动；另一些细菌则没有运动的性能。在显微镜下观察，细菌的真正运动（自动运动）表现为离开原来位置，不断改变方向的自由地游动。水的分子运动（布朗运动）也能见于细菌个体，使其在原地摆动，但不能远离原来位置移动。这种情况，都是外力作用的结果，不是细菌本身的真正运动。检查细菌的运动力，应用幼年培养物，最好刚从温箱中取出，并在温暖的环境下从速进行。

**悬滴检查法**

制片：取洁净的凹玻片一块，于其凹窝的四周整齐地涂以适量的凡士林。另取洁净盖玻片一块，用接种环于其中央滴上一小滴生理盐水或透明肉汤，再用接种环取待检固体培养物少量（不要过多），混匀于液滴内；如为液体检材，可直接用接种环取一滴于盖玻片上，取起并翻转盖玻片，使液滴向下，以其对角线垂直于载玻片四边的位置，轻轻盖在凹玻片的凹窝上，略加轻压，使盖玻片四周与凡士林密着，封闭凹窝，即可进行镜检（或者将载玻片取起翻转，使凹窝对正盖玻片上液滴罩下，轻压，使与凡士林密着，封闭凹窝，并粘着盖玻片，然后再将玻片一起翻转，即可进行镜检）。

用凡士林封闭凹窝的主要目的，在于防止液滴干燥，可供较长时间观察；而使盖玻片如上述位置放置，则便于放上和取下，如用蜡笔划好分格，则可在一块盖玻片上作2~3个悬滴点（如只作短时间观察，亦可不用凡士林，而在凹窝四周以水湿润，甚至水也不用，光是盖上盖玻片即用），如图6-7所示。

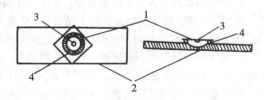

图6-7 悬滴标本制作法
1.盖玻片 2.载玻片 3.菌液 4.凡士林

镜检：显微镜要放在平坦、稳固之处，不能倾斜或震动，放上悬滴标本片后，先用低倍镜找到液滴，移至视野中央，然后转换高倍镜和调整光线（宜稍暗），对焦观察，一般不必使用油镜观察，必须用时，注意防止压坏盖玻片。

**压滴检查法** 本法比较简便，宜于短时观察，也较适用于混浊或浓厚的液体检材（如血液、渗出液、脓汁、稀粪便等）。

制片：取一块洁净的普通载玻片，于其中央滴上一滴（可以稍大些）生理盐水，以接种环取少量固体检材混匀其中。如为液体检材，可以直接滴在载玻片上，然后取一个洁净的盖玻片，轻轻盖压在液滴上，要注意避免产生气泡。

镜检：同悬滴检查法。

**暗视野检查法**

制片：与压滴检查法同，但只能应用不超过 1.5mm 厚度的薄载玻片，否则暗视野集光器的斜射光交点，将不能调整至标本液滴中，而只能落在下面（载玻片内），这就不能观察运动标本的影像。

镜检：暗视野镜检方法见实验一。

**2．培养检查法**

（1）半固体培养基穿刺培养法：以灭菌接种针蘸取纯培养检材，垂直刺进半固体培养基的琼脂柱中间直至管底，置 37℃ 温箱中培养 18～24h，然后取出检查。有运动力的细菌，可由穿刺线向四周扩散生长，使周围的培养基变成混浊；无运动力的细菌仅能沿穿刺线生长，周围的培养基仍然保持澄清（图6-8）。

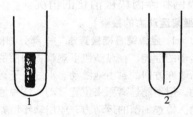

图 6-8　半固体培养基中细菌运动力的检查

1. 接种菌有运动力　2. 接种菌无运动力

（2）平板挖沟培养法：预先制备好鲜血琼脂平板，以无菌手术在平板中央挖去一条1cm宽的琼脂条，形成一条小沟，放置一条 4cm×0.5cm 的无菌滤纸横跨于两边培养基上，使之与小沟相垂直。在滤纸条的一项端接种待检细菌的纯培养物，置 37℃ 温箱中培养，每天观察生长情况，直至 7 天，如接种端的隔沟对边亦生长同样细菌，表示该菌有运动力。

[细菌大小的测定]

测量细菌的大小，以微米（$\mu m$）为单位，$1\mu m = 1/1\,000$mm。测量细菌大小的装置称为测微计，它由接目测微尺和接物测微计两部分组成。

1．**接目测微尺** 为一个圆形玻片，其中央部刻有 50～100 个等分小格，小格的长度不定，随接目镜与接物镜的放大倍数不同而异。因此在测量细菌大小之前，须应用接物测微计来确定每一小格的长度。使用时将接目测微尺装入接目的镜筒内。

2．**接物测微计** 为一载玻片，在玻片的中央，粘着一圆形小玻片，在其上刻有 100 个小格，每一小格的长度为 10$\mu m$，所以全长为 1mm（1 000$\mu m$）。

3．**测量法** 先用低倍镜找到接物测微计的小格，然后换油镜使接目测微尺与接物测微计的小格重叠。借以求出接目测微尺中一个小格的绝对值。

例如接目测定微尺的 7 小格与接物测微计的一小格重叠时，则接目测微尺一小格的值为 7∶10＝1∶X，X＝1.43，即一小格为 1.43$\mu m$。

然后取下接物测微计，放在欲测大肠杆菌染色标本。检查标本上的细菌的长、宽相当于接目测微计上的几小格，即为细菌体的大小。

[思考题]
1．如何描述细菌在固体和液体培养基上的生长表现。
2．如何进行细菌大小的测定？
3．如何观察细菌的运动性？

# 实验七

# 细菌的生化试验

不同种类的细菌，由于其细胞内新陈代谢的酶系不同，对营养物质的吸收利用、分解排泄及合成产物的产生等都有很大的差别，细菌的生化试验就是检测某种细菌能否利用某种（些）物质及其对某种（些）物质的代谢及合成产物，确定细菌合成和分解代谢产物的特异性，借此来鉴定细菌的种类。

[目的要求]

(1) 掌握细菌鉴定中常用生化试验的原理和方法。

(2) 了解细菌生化试验在细菌鉴定及诊断中的重要意义。

[实验内容]

## 1. 氧化型与发酵型（O/F）的测定

**原理** 不同细菌对不同的糖分解能力及代谢产物不同，这种能力因是否有氧气的存在而异，有氧条件下称为氧化，无氧条件下称为发酵。这在区别微球菌与葡萄球菌、肠杆菌科成员中尤其有意义。

**培养基** 蛋白胨2g，氯化钠5g，磷酸氢二钾0.3g，葡萄糖10g，琼脂3g，1%溴麝香草酚蓝3mL，蒸馏水1 000mL。将蛋白胨、盐、琼脂和水混合，加热溶解，校正pH至7.2，然后加葡萄糖和指示剂，加热溶解；分装试管，3～4mL/管；115℃，高压蒸汽灭菌20min，取出后冷却成琼脂柱。

**试验方法** 挑取18～24h的幼龄斜面培养物，穿刺接种，每种细菌接种两管，于其中1管覆盖1mL灭菌的液体石蜡，37℃培养48h或更长时间，最长可达7d。

**结果判定** 只在没有覆盖石蜡的一管发酵糖产酸或产酸产气者属氧化型；两管均发酵糖产酸或产酸产气者为发酵型；两管都不生长者不予判定结果。

## 2. 糖类分解试验

**原理** 细菌分解糖的能力与该菌是否含有分解某种糖的酶密切相关，是受遗传基因所决定的，是细菌的重要表型特征，有助于鉴定细菌，含糖培养基中加入指示剂，若细菌分解糖则产酸或产酸产气，使培养基颜色改变，从而判断细菌是否分解某种糖或其他碳水化合物。

**培养基** 可用市售各种糖或醇类的微量发酵管。

试验方法　取某一种细菌的 24h 纯培养物分别接种到葡萄糖、乳糖、麦芽糖、甘露醇、蔗糖培养基内，开口朝下，置灭菌培养皿中。37℃培养 24h，观察结果并记录。

如果接种进去的细菌可发酵某种糖或醇，则可产酸，使培养基由紫色变成黄色〔培养基内指示剂溴甲酚紫由 pH 7.0（紫色）～pH 5.4（黄色）〕，如果不发酵，则仍保持紫色。如发酵的同时又产生气体，则在微量发酵管顶部积有气泡。

结果判定　用符号表示

　　无变化　　　　　　　　－　　　　　　　培养液仍为紫色
　　产酸　　　　　　　　　＋　　　　　　　培养液变为黄色
　　产酸又产气　　　　　　⊕　　　　　　　培养液变黄，并有气泡

### 3. 吲哚（靛基质）试验

原理　有些细菌（如大肠杆菌）能分解蛋白质中的色氨酸产生吲哚，吲哚与对二氨基苯甲醛作用，形成玫瑰吲哚而成红色。

培养基　Dunham 氏蛋白胨水溶液。蛋白胨 1g，氯化钠 0.5g，蒸馏水 100mL。将蛋白胨与氯化钠加入蒸馏水中，加热溶解后调 pH 为 7.6，再煮沸加热 30min。待冷后用滤纸过滤，分装，121℃高压蒸汽灭菌 15min。

Ehrlich 氏试剂　对位二氨基苯甲醛 1g，无水乙醇 95mL，浓盐酸 20mL。先用乙醇溶解试剂后加盐酸，避光保存。

Kovac 氏试剂　对位二氨基苯甲醛 5g，戊醇（或异戊醇）75mL，浓盐酸 25mL。

试管试验法　以接种环将待检菌新鲜斜面培养物接种于 Dunham 氏蛋白胨水溶液中，置 37℃培养 24～48h（可延长 4～5d）；于培养液中加入戊醇或二甲苯 2～3mL，摇匀，静置片刻后，沿试管壁加入 Ehrlich 氏或 Kovac 氏试剂 2mL。

斑点试验法　将一片滤纸放在培养皿的盖子上或一张载玻片上；滴加 1～1.5mL 试剂液于滤纸上使其变湿；取 18～24h 血琼脂平板培养物涂布于浸湿的滤纸上；在 1～3min 内棕色的试剂由紫红变为红色者为阳性。

加热试验法　将一小指头大的脱脂棉，滴上两滴 Ehrlich 氏试剂，再在同一处加滴两滴高硫酸钾（$K_2S_2O_8$）饱和水溶液，置于含培养液的被检试管中，离液面约 1.5cm；将被检试管放入烧杯或搪瓷缸水浴煮沸为止；脱脂棉上出现红色者为阳性。若将试剂加到液体中，吲哚和粪臭素均呈阳性反应，而用此法，只是吲哚（具挥发性）呈阳性反应。

### 4. 甲基红（MR）试验/VP 试验

原理　细菌分解培养基中的葡萄糖产酸，当产酸量大，使培养基的 pH 降

至 4.5 以下时，加入甲基红指示剂而变红〔甲基红的变色范围为 pH 4.4（红色）～pH 6.2（黄色）〕，此为甲基红试验。当细菌发酵葡萄糖产生丙酮酸，丙酮酸再变为乙酰甲基甲醇；乙酰甲基甲醇又变成 2,3-丁二烯醇，2,3-丁二烯醇在碱性条件下氧化成为二乙酰，二乙酰和蛋白胨中精氨酸胍基起作用产生粉红色的化合物，此为 VP 试验。这两个试验密切相关，对一种细菌而言，两者只能居其一。

**培养基** 葡萄糖蛋白胨水溶液。

**甲基红试剂** 甲基红 0.02g，95% 酒精 60mL，蒸馏水 40mL。

**VP 试剂** 甲液：α-萘酚酒精溶液（α-萘酚 5g，无水乙醇 100mL）。乙液：KOH 溶液（KOH 40g，水 100mL）。将甲液和乙液分别装于棕色瓶中，于 4～10℃ 保存。或：硫酸铜 1g，浓氨水 40mL，10% KOH 950mL，蒸馏水 10mL。

**MR 试验方法** 取一种细菌的 24h 培养物，接种于葡萄糖蛋白胨水培养基中，置 37℃ 培养 48～72h，取出后加甲基红试剂 3～5 滴，凡培养液呈红色者为阳性，以"＋"表示；橙色者为可疑，以"±"表示；黄色者为阴性，以"－"表示。

**VP 试验方法** 取一种细菌的 24h 纯培养物，接种于葡萄糖蛋白胨水培养基中，置 37℃ 培养 48～72h。取出后在培养液中先加 VP 试剂甲液 0.6mL，再加乙液 0.2mL，充分混匀。静置在试管架上，15min 后培养液呈红色者为阳性，以"＋"表示；不变色为阴性，以"－"表示。1h 后可出现假阳性。或者可以用等量的硫酸铜试剂于培养液中混合，静置，强阳性者约 5min 后就可产生粉红色反应。

### 5. 枸橼酸盐利用试验

**原理** 以枸橼酸钠为唯一碳源，磷酸铵为唯一氮源，若细菌能利用这些盐作为碳源和氮源而生长，则利用枸橼酸钠产生碳酸盐，与利用铵盐产生的 $NH_3$ 反应，形成 $NH_4OH$，使培养基变碱，pH 升高，指示剂溴麝香草酚蓝由草绿色变为深蓝色。

**培养基** Simmon 氏枸橼酸钠微量发酵管或琼脂斜面培养基。

**微量法** 取纯培养细菌接种于枸橼酸盐培养基内，置 37℃ 培养 48～72h，如培养基由草绿色变为深蓝色为阳性，以"＋"表示，否则为阴性，以"－"表示。肠杆菌、枸橼酸杆菌和一些沙门氏菌种产生阳性反应，可见菌体生长良好或培养基显为深蓝色。

**常量法** 将被检菌纯培养物或单个菌落划线于枸橼酸钠琼脂斜面并在 37℃ 培养 24～48h。肠杆菌、枸橼酸杆菌和一些沙门氏菌种产生阳性反应，可见菌体生长良好或培养基显为深蓝色。

### 6. 硫化氢试验

**原理** 细菌分解含硫氨基酸，产生 $H_2S$，与培养基中的醋酸铅或 $FeSO_4$ 发生反应，形成黑色的硫化铅或硫化亚铁。

**培养基** 可用成品微量发酵管、醋酸铅琼脂或三糖铁琼脂斜面。

**微量法** 取一种细菌纯培养物，接种于 $H_2S$ 微量发酵管中，置 37℃ 培养 24h 后观察结果。培养液呈黑色者为阳性，以"＋"表示，无色者为阴性，以"－"表示。

**常量法** 用接种针蘸取纯培养物，沿试管壁作穿刺醋酸铅琼脂或三糖铁培养基，37℃ 培养 24～48h 或更长时间，培养基变黑者为阳性。或将纯培养物接种于肉汤，肝浸汤琼脂斜面或血清葡萄糖琼脂斜面，在试管壁和棉花塞间夹一 6.5cm×0.6cm 大小的试纸条（浸有饱和醋酸铅溶液*），培养于 37℃，观察，纸条变黑者为阳性。

### 7. 氧化酶试验

**原理** 测定细菌细胞色素氧化酶的产生，阳性反应限于那些能够在氧气存在下生长的同时产生细胞内细胞色素氧化酶的细菌。

**试剂** 1%四甲基对苯二胺（Tetra-methy-p-phenylene diamine dihydrochloride），新鲜配制，装棕色瓶贮存，4℃，可保存 1 个月。

**试验方法** 加 2～3 滴试剂于滤纸上，用牙签挑取 1 个菌落到纸上涂布，观察菌落的反应。阳性反应在 5～10s 内由粉红到黑色，15min 后可出现假阳性反应。也可将试液滴在细菌的菌落上，菌落呈玫瑰红然后到深紫色者为阳性。也可在菌落上加试液后倾去，再徐徐滴加用 95%酒精配制的 1%的 α-萘酚溶液，当菌落变成深蓝色者为细胞色素氧化酶阳性。

### 8. 触酶试验

**原理** 本试验是检测细菌有无触酶的存在。过氧化氢的形成看作是糖需氧分解的氧化终末产物，因为 $H_2O_2$ 的存在对细菌是有毒性的，细菌产生酶将其分解，这些酶为触酶（过氧化氢酶）和过氧化物酶。

**试剂** 3% $H_2O_2$（新配）。

**试验方法** 可用接种环将一菌落放于载玻片的中央，加 1 滴 3% $H_2O_2$ 于菌落上，立即观察有无气泡出现，也可在菌落和 $H_2O_2$ 混合物之上放一张盖玻片，可帮助检出轻度反应，还可降低细胞的气溶胶颗粒的形成。或直接将 3% $H_2O_2$ 加到培养琼脂斜面或平板上直接观察有无气泡出现（血琼脂平板除外）。

---

\* 取 10g 醋酸铅溶于 50mL 沸蒸馏水中即为饱和醋酸铅溶液。

### 9. 脲酶试验

**原理** 细菌分解尿素产生两分子氨，使培养基 pH 升高，指示剂酚红显示出红色，即证明细菌有脲酶。

**培养基** 尿素微量发酵管或 Christensen 氏尿素琼脂培养基，蛋白胨 10g，葡萄糖 1g，氯化钠 5g，磷酸二氢钾 2g，0.4%酚红溶液 3mL，琼脂 20g，20%尿素溶液 100mL，蒸馏水 900mL。除尿素溶液外，将上述成份依次加入蒸馏水中，加热溶解，调 pH 至 7.2，121℃高压蒸汽灭菌 15min，待冷至 50～55℃左右加入已滤过除菌的尿素溶液，混匀分装于灭菌试管，放成斜面冷却备用。

**试验方法** 用接种环将待检菌培养物接种于尿素琼脂斜面，不要穿刺到底，下部留作对照。置 37℃培养，于 1～6h 检查（有些菌分解尿素很快），有时需培养 24h 到 6d（有些菌则缓慢作用于尿素）。阳性反应，则琼脂斜面由粉红到紫红色。

### 10. 淀粉水解试验

**原理** 有的细菌具有淀粉酶，能水解培养基中的淀粉成麦芽糖。淀粉水解后遇碘液不再呈蓝紫色反应。

**培养基与试剂** 3%可溶性淀粉琼脂平板（普通琼脂 900mL 加 3%可溶性淀粉溶液 100mL）和革兰氏碘溶液（见附录一）。

**试验方法** 将细菌划线接种于 3%可溶性淀粉琼脂平板上，在 37℃培养 24h。取出平板，在菌落处滴加碘液少许，观察。培养基呈深蓝色，说明淀粉未被水解，即淀粉酶阴性。能水解淀粉的细菌其菌落周围有透明的环（即淀粉酶阳性）。

### 11. 石蕊牛乳试验

**原理** 石蕊是一种 pH 指示剂，当 pH 升至 8.3 时碱性显蓝色，pH 降至 4.5 时酸性显红色；pH 接近中性，未接种的培养基为紫蓝色故称紫乳。石蕊也是一种氧化还原指示剂，可以还原为白色，所以，石蕊牛乳（紫乳）是用来测定被检细菌几种代谢性质的一种鉴别培养基。

**培养基** 加石蕊酒精饱和溶液于新鲜脱脂乳中，分装小管，经流通蒸汽灭菌而成。

**试剂** 石蕊酒精溶液的制备：8g 石蕊在 30mL 的 40%乙醇中研磨，吸出上清液，加乙醇研磨，连续 2 次。加 40%乙醇至总量为 100mL，并煮沸 1min。取用上清液，必要时可加几滴 1mol/L 盐酸使其呈紫色。现多用溴甲酚紫代替石蕊，即于 100mL 脱脂乳中加 1.2mL 1.6%溴甲酚紫酒精溶液。

**试验方法与结果判定** 将被检菌接种于紫乳，置 37℃温箱培养，观察结果。若细菌分解乳糖产酸，指示剂变色（石蕊为红色，溴甲酚紫为黄色）。若产酸产气，使牛乳酸凝，气体使凝块中有裂隙，如产气荚膜梭菌呈"暴裂发酵"。若为紫色，表示乳糖未分解；若为蓝色表示乳糖虽未发酵，但细菌分解培养基中所出现的氮源物质而产碱所致。若指示剂还原则为无色，常出现在酸凝块形成之后。

### 12. 硝酸盐还原试验

**原理** 有些细菌能从硝酸盐提出氧而将其还原为亚硝酸盐（偶而还会形成 $NH_3$、$N_2$、NO、$NO_2$ 和 $NH_4OH$ 等其他产物），若向培养物中加入对氨基苯磺酸和 α-萘胺，会形成红色的重氮染料对磺胺苯-偶氮-α-萘胺（锌也可还原硝酸盐为亚硝酸盐，而且可用于区别假阴性反应和真阴性反应）。

培养基 蛋白胨 1g，硝酸钾 0.1~0.2g，蒸馏水 100mL。将上述成分放于蒸馏水中加热溶解，调 pH 至 7.4，滤纸过滤，分装试管，121℃高压蒸汽灭菌 20min。在上述培养基中加入硫乙醇酸钠 0.1g 即成厌氧菌用的硝酸盐培养基。

试剂

甲液：甲基 α-萘胺 0.6g，5mol/L 冰醋酸 100mL，稍加热溶解，用脱脂棉过滤，放棕色瓶中，4~10℃保存。

乙液：对氨基苯磺酸 0.8g，5mol/L 冰醋酸 100mL，先用 5mol/L 冰醋酸 30mL 溶解对氨基苯磺酸，再加冰醋酸至 100mL。放入带玻璃塞的玻璃瓶中 4~10℃保存。

试验方法与结果判定 把纯菌培养物接种到硝酸盐培养基中，在 37℃培养 18~24h，再加试剂甲和乙各 3~5 滴，在 30s 内出现红色即为阳性。若无颜色出现，加少量锌渣，随后出现红色则是真正的阴性试验。

### 13. 苯丙氨酸脱氨酶试验

原理 若细菌具有苯丙氨酸脱氨酶，能将培养基中的苯丙氨酸脱氨变成苯丙酮酸，酮酸能使三氯化铁指示剂变为绿色。变形杆菌和普罗菲登斯菌以及莫拉氏菌有苯丙氨酸脱氨酶的活力。

培养基 DL-苯丙氨酸 2g（L-苯丙氨酸 1g），氯化钠 5g，琼脂 12g，酵母浸膏 3g，蒸馏水 1 000mL，磷酸氢二钠 1g。分装于小试管内，121℃高压蒸汽灭菌 10min，制成斜面。

试剂 10% $FeCl_3$ 水溶液。

试验方法与结果判定 将被检菌 18~24h 培养物取出，向试管内注入 0.2mL（或 4~5 滴）10% $FeCl_3$ 溶液于生长面上，变绿色者为阳性。

### 14. 氨基酸脱羧酶试验

原理 这是肠杆菌科细菌的鉴别试验，用以区分沙门氏菌（通常为阳性）和枸橼酸杆菌（通常为阴性），若细菌能从赖氨酸或鸟氨酸脱去羧基（—COOH），导致培养基 pH 变碱，指示剂溴麝香草酚蓝就显示出蓝色，试验结果为阳性。若细菌不脱羧，培养基不变则为黄色。

培养基 蛋白胨 5g，酵母浸膏 3g，葡萄糖 1g，蒸馏水 1 000mL，0.2%溴麝香草酚蓝溶液 12mL。调整 pH 至 6.8，在每 100mL 基础培养基内，加入需要测定的氨基酸 0.5g，所加的氨基酸应先溶解于 1.5% NaOH 溶液内（L-α-赖氨酸 0.5g＋1.5% NaOH 溶液 0.5mL，L-α-鸟氨酸 0.5g＋1.5% NaOH 溶液 0.5mL）。加入氨基酸后，再调整 pH 至 6.8，分装于灭菌小试管内，每管 1mL，121℃高压蒸汽灭菌 10min。

试验方法与结果判定 从琼脂斜面挑取培养物少许，接种于试验用培养基内，上面加一层灭菌液状石蜡。将试管放在 37℃培养 4d，每天观察结果。阳性者培养液先变黄后变为蓝色，阴性者为黄色。

### 15. 胆汁溶解试验

原理 肺炎链球菌产生自溶酶，它能使正在生长的菌体溶解，使老龄菌落中心下陷，胆盐通过降低培养基与菌体细胞膜之间的表面张力而加速这一过程。本试验常用以鉴别肺炎链球菌和甲型溶血性链球菌。

试剂 2%去氧胆酸钠溶液。

试验方法与结果判定 在被检菌血琼脂平板上找到单个分散的菌落，在其上加 1 滴试液。再置37℃培养箱中30min后取出观察菌落，可见菌落消失，或尚有部分保留。培养菌在肉汤中生长，而且固体培养平板上菌落周围形成一个黑洞（孔）者是D群链球菌的标志。

### 16. 明胶液化试验

**原理** 明胶是一种动物蛋白质，某些细菌具有明胶液化酶，明胶经分解后，可呈现不同的特征，有利于细菌的鉴定。

**培养基** 明胶培养基。明胶12～15g，普通肉汤100mL。将明胶加入肉汤内，水浴中加热溶解，调pH至7.2，分装试管，115℃高压蒸汽灭菌10min，取出后迅速冷却，使其凝固。

**试验方法与注意事项** 分别穿刺接种被检菌18～24h培养物于明胶培养基，置22℃下培养，观察明胶液化状况。明胶低于20℃凝成固体，高于24℃则自行呈液化状态。因此，培养温度最好在22℃，但有些细菌在此温度下不生长或生长极为缓慢，则可先放在37℃培养，再移置于4℃冰箱经30min后取出观察，具有明胶液化酶者，虽经低温处理，明胶仍呈液态而不凝固。明胶耐热性差，若在100℃以上长时间灭菌，能破坏其凝固性，此点在制备培养基时应注意。

### 17. $\beta$-半乳糖苷（ONPG）试验

**原理** 细菌分解乳糖依靠两种酶的作用，一种是 $\beta$-半乳糖苷酶透性酶（$\beta$-galactosidase permease），它位于细胞膜上，可运送乳糖分子渗入细胞。另一种为 $\beta$-半乳糖苷酶（$\beta$-galactosidase），亦称乳糖酶（Lactase），位于细胞内，能使乳糖水解成半乳糖和葡萄糖。具有上述两种酶的细菌，能在24～48h发酵乳糖，而缺乏这两种酶的细菌，不能分解乳糖。乳糖迟缓发酵菌只有 $\beta$-D-半乳糖苷酶（胞内酶），而缺乏 $\beta$-半乳糖苷酶透性酶，因而乳糖进入细菌细胞很慢，而经培养基中1%乳糖较长时间的诱导，产生相当数量的透性酶后，始能较快分解乳糖，故呈迟缓发酵现象。ONPG可迅速进入细菌细胞，被半乳糖苷酶水解，释出黄色的邻位硝基苯酚（Orthonitrphenyl，ONP），故由培养基液变黄可迅速测知 $\beta$-半乳糖苷酶的存在，从而确知该菌为乳糖迟缓发酵菌。

**ONPG培养基** 邻硝基酚 $\beta$-半乳糖苷0.6g，0.01mol/L pH7.5磷酸缓冲液1 000mL，pH 7.5的灭菌1%蛋白胨水300mL。先将前两种成分混合溶解，过滤除菌，在无菌条件下与1%蛋白胨水混合，分装试管，每管2～3mL，无菌检验后备用。购不到ONPG时，可用5%的乳糖，并降低蛋白胨含量为0.2%～0.5%，可使大部分迟缓发酵乳糖的细菌在1d内发酵。

**试验方法** 取一环细菌纯培养物接种在ONPG培养基上置37℃培养1～3h或24h，如有 $\beta$-半乳糖苷酶，会在3h内产生黄色的邻硝基酚；如无此酶，则在24h内不变色。

**[思考题]**

1. 解释所做生化试验的原理。
2. 在所做生化试验中，分解糖或蛋白质的各有哪些？
3. 试述生化试验在细菌鉴定中的作用与意义。

# 实验八

# 药物敏感试验

各种病原菌对抗菌药物的敏感性不同，同种细菌的不同菌株对同一药物的敏感性有差异，检测细菌对抗菌药物的敏感性，可筛选最有疗效的药物，用于临床，对控制细菌性传染病的流行至关重要。此外，通过药物敏感试验可为新抗菌药物的筛选提供依据。药敏试验的方法很多，普遍使用的有圆纸片扩散试验（Kirby-Baueer Disc Diffusion）；最低抑菌浓度试验（Minimum Inhibitory Concentration，MIC）和最低杀菌浓度试验（Minimum Bactericidal Concentration，MBC）等。

[目的要求]

（1）熟悉和掌握圆纸片扩散法检测细菌对抗菌药物敏感性的操作程序和结果判定方法。

（2）了解最低抑菌浓度试验的原理和方法。

（3）了解药敏试验在实际生产中的重要意义。

[实验材料]

菌种  大肠杆菌、金黄色葡萄球菌、炭疽杆菌。

药敏试纸  青霉素、链霉素、庆大霉素、氯霉素、磺胺嘧啶等，分装于灭菌平皿中。95%酒精缸、小镊子、普通琼脂平板。

[实验内容]

1. 圆纸片扩散试验

操作方法  取一菌种，用灭菌接种环致密划线于琼脂平板表面（可重复来回划线），或用"十"字形划线法。用无菌镊子将各种抗菌药物圆纸片，分别贴于培养基表面，各片距离要相等（图8-1）。37℃培养24h观察结果。

结果判定  根据药物纸片周围有无抑菌圈及其直径大小（图8-2），来判断该菌对各种药物的敏感程度，分为高度敏

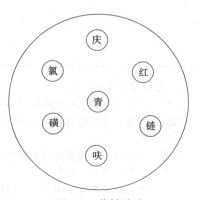

图8-1  药敏片法

感、中度敏感、低度敏感和不敏感四种。

细菌对磺胺药物敏感度的标准，按 Hawking 所定，若磺胺药物浓度在每毫升 10μg 即能抑制细菌生长者，则该菌对磺胺药很敏感；如需每毫升 50μg 才能抑制生长，为敏感；每毫升 1 000μg 始能抑制，为中度敏感；每毫升超过 1 000μg 仍不能抑菌者，则该菌系耐药性菌株。细菌对不同抗生素的敏感度标准，参阅表 8-1。

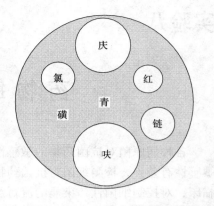

图 8-2 抑菌圈示意图

表 8-1 抗生素敏感度的标准

| 抗 生 素 | 抑菌圈直径（mm） | 结　　果 |
| --- | --- | --- |
| 青霉素（50μg/mL） | >26 | 高度敏感 |
| | 10～26 | 中度敏感 |
| | <10 | 低度敏感 |
| | 无抑菌圈 | 不敏感 |
| 链霉素（500μg/mL） | >15 | 高度敏感 |
| | 10～15 | 中度敏感 |
| | <10 | 低度敏感 |
| | 无抑菌圈 | 不敏感 |
| 氯霉素（700μg/mL） | >20 | 高度敏感 |
| | 10～20 | 中度敏感 |
| | <10 | 低度敏感 |
| | 无抑菌圈 | 不敏感 |
| 新霉素（300μg/mL） | >25 | 高度敏感 |
| | 10～25 | 中度敏感 |
| | <10 | 低度敏感 |
| | 无抑菌圈 | 不敏感 |

2．最低抑菌浓度试验

原理　将抗菌药物作倍比稀释，在不同浓度的稀释管内接种被检细菌，定量测定抗菌药物的最低浓度。本结论可作为其他药物敏感性试验的标准方法。

实验材料

菌种：金黄色葡萄球菌肉汤培养物

培养基：普通肉汤　每管 1mL

抗菌药物：含青霉素 64IU/mL 的普通肉汤各一管，每管 2mL。

其他材料：麦氏比浊管，灭菌 1mL 刻度吸管，橡皮胶头。

**操作程序** 以葡萄球菌对青霉素的敏感性为例。将装有 1mL 肉汤的试管排成一列,编上 1~9 的管号,在第 1 管内加入含 64IU/mL 青霉素肉汤 1mL,混匀后吸取 1mL 到第 2 管,混匀,再取 1mL 至第 3 管,依次类推到第 8 管。第 9 管不含青霉素的肉汤作对照管,然后每管加入 0.1mL 含菌量相当于麦氏比浊管第 1 管 1/2 的金黄色葡萄球菌(相当于 1.5 亿/mL),操作术式如表 8-2。

表 8-2 MIC 术式表

| 管号 | 1 | 2 | 3 | 4 | 5 | 6 | 7 | 8 | 9 |
|---|---|---|---|---|---|---|---|---|---|
| 药物浓度(μg/mL) | 32 | 16 | 8 | 4 | 2 | 1 | 0.5 | 0.25 | |
| 肉汤(mL) | 1 | 1 | 1 | 1 | 1 | 1 | 1 | 1 | 1 |
| 青霉素(mL) | 1 | 1 | 1 | 1 | 1 | 1 | 1 | 1 弃1mL | |
| 葡萄球菌液(mL) | 0.1 | 0.1 | 0.1 | 0.1 | 0.1 | 0.1 | 0.1 | 0.1 | 0.1 |

**结果判定** 以能抑制细菌生长的抗生素的最高稀释度作为抗生素的最低抑菌浓度。

**[思考题]**

1. 圆纸片药敏试验操作时应注意什么事项?
2. 试述药敏试验的意义。

# 实验九

# 凝集试验（Agglutination test）

细菌、红细胞等颗粒性抗原与相应的抗体结合后，在有电解质存在时，抗原颗粒互相凝集成肉眼可见的凝集小块，称为凝集反应。参与凝集反应的抗原称为凝集原，抗体称为凝集素。就免疫球蛋白的性质来说，主要为 IgM 和 IgG。凝集试验又分为直接凝集试验和间接凝集试验两种，前者主要用于新分离细菌的鉴定或分型，后者可用于可溶性抗原抗体系统的检测。

[目的要求]

（1）熟悉玻板凝集试验和试管凝集试验的操作技术。

（2）熟悉以微量反应板进行反向间接血凝试验的操作技术。

（3）掌握凝集反应中阴阳性结果的判定。

[实验材料]

布氏杆菌试管凝集抗原、鸡白痢沙门氏菌玻板凝集抗原、布氏杆菌标准阳性血清、布氏杆菌标准阴性血清、鸡白痢沙门氏菌标准阳性血清、鸡白痢沙门氏菌标准阴性血清、牛布氏杆菌病待检血清、鸡白痢待检血清、猪水泡病抗体致敏红细胞、生理盐水、玻板（1cm×8cm）、试管、"U"形或"V"形微量反应板、微量加样器。

0.5%石炭酸生理盐水、生理盐水、接种环、微量加样器、tip 头、酒精灯。

[实验内容及操作程序]

**1. 鸡白痢沙门氏菌玻板凝集试验**

加样　取洁净玻板一块，用蜡笔划成方格，并注明待检血清号码。以 100μL 微量加样器按下列量加鸡白痢病鸡的待检血清于方格内，第 1 格 80μL、第 2 格 40μL、第 3 格 20μL、第 4 格 10μL。血清试验前需置室温环境中使其温度升至 20℃左右。

加抗原　每格加鸡白痢玻板凝集抗原 30μL，滴在血清附近，而不与血清接触。以接种环自血清量最少的一格起，将血清与抗原混匀。

作用　混匀完毕后，将玻板置37℃培养箱中加温，3～5min 内记录反应结果。

**对照** 每次试验须用标准阳性血清和阴性血清作以及生理盐水对照。

**结果判定** 按下列标准记录反应结果：

++++：出现大的凝集块，液体完全透明，即完全凝集。

+++：有明显凝集块，液体几乎完全透明，即75%凝集。

++：有可见凝集块，液体不甚透明，即50%凝集。

+：液体混浊，有小的颗粒状物，即25%凝集。

-：液体均匀混浊，即不凝集。

玻板凝集与试管凝集的关系见表9-1。

表9-1 玻板凝集与试管凝集的关系

| 玻板凝集 | 80μL | 40μL | 20μL | 10μL |
| --- | --- | --- | --- | --- |
| 相当于试管凝集 | 1:25 | 1:50 | 1:100 | 1:200 |

如用两个血清量作试验，则任何一个血清量出现凝集时均需用4个血清量重检。阳性判定标准同试管凝集。

**2．牛布氏杆菌试管凝集试验**

**加样** 每份血清用试管4支，另取对照试管3支，置试管架上。如待检血清有多份，对照只需1份。按表9-2先加0.5%石炭酸生理盐水，然后以1mL加样器吸取待检血清0.2mL，加入第1管中，充分混匀，吸出1.5mL弃之，再吸出0.5mL加入第2管，混匀后加入第3管，依此类推至第4管，混匀后弃去0.5mL。第5管中不加待检血清，第6管中加1:25稀释的布氏杆菌阳性血清0.5mL，第7管中加入1:25稀释的布氏杆菌阴性血清0.5mL。

**加抗原** 各加入以0.5%石炭酸生理盐水稀释20倍的布氏杆菌试管凝集抗原0.5mL。

**作用** 在各试管加完抗原后，将7支试管同时充分混匀，置37℃培养箱中4~10h，取出后置室温18~24h，然后观察并记录结果。待检血清稀释度：猪、羊、狗为1:25，1:50，1:100，1:200；牛、马和骆驼为1:50，1:100，1:200，1:400等四个稀释度，大规模检疫可只用两个稀释度，即猪、羊、狗为1:25和1:50；牛、马、骆驼为1:50和1:100。

**结果判定** 判定结果时用"+"表示反应的强度。

++++：液体完全透明，菌体完全被凝集呈伞状沉于管底，振荡时，沉淀物呈片状、块状或颗粒状（即100%的菌体被凝集）。

＋＋＋：液体略呈混浊，菌体大部分被凝集沉于管底，振荡时情况如上（75%菌体被凝集）。

＋＋：液体不甚透明，管底有明显的凝集沉淀，振荡时有块状或小片絮状物（50%菌体被凝集）。

＋：液体透明度不明显或不透明，有不甚显著的沉淀或仅有沉淀的痕迹（25%菌体被凝集）。

－：液体不透明，管底无凝集，有时管底可见有一部分沉淀，但振荡后立即散开呈均匀混匀。

表 9-2  布氏杆菌试管凝集试验术式表

| 管号 | 1 | 2 | 3 | 4 | 5 | 6 | 7 |
|---|---|---|---|---|---|---|---|
|  |  |  |  |  | 对 | 照 |  |
| 最终血清稀释度 | 1:25 | 1:50 | 1:100 | 1:200 | 抗原对照 | 阳性血清 1:25 | 阴性血清 1:25 |
| 0.5%石炭酸生理盐水（mL） | 2.3 | 0.5 | 0.5 | 0.5 | 0.5 | — | — |
| 被检血清（mL） | 0.2 | 0.5 | 0.5 | 0.5 | — | 0.5 | 0.5 |
| 抗原(1:20)(mL) | 0.5 | 0.5 | 0.5 | 0.5 | 0.5 | 0.5 | 0.5 |

（第1管弃1.5，第4管弃0.5）

确定血清凝集价（滴度）时，应以出现＋＋以上凝集现象的最高稀释度为准。

判定标准  牛、马和骆驼凝集价 1:100 以上，猪、绵羊、山羊和狗 1:50 以上为阳性。牛、马和骆驼 1:50，猪、羊等 1:25 为可疑。

**3. 反向间接血凝试验**

加生理盐水  按表 9-3 所示在 96 孔"U"形微量反应板上进行，自左至右各孔加 50μL 生理盐水。

加样  于左侧第 1 孔加 50μL 待检水泡病水泡液或水泡皮浸出液，混匀后，吸 50μL 至第 2 孔，混匀后，吸 50μl 至第 3 孔，依次倍比稀释，至第 11 孔。吸弃 50μl，最后 1 孔为对照。

加红细胞  自左至右依次向各孔加 50μL 1%猪水泡病抗体致敏红细胞，置微型混合器上振荡 1min 或用手振荡反应板，使血细胞与病毒充分混匀，在 37℃培养箱中作用 15~20min 后，待对照红细胞已沉淀可观察结果。

结果判定  以 100%凝集（红细胞形成薄层凝集，布满整个孔底，有时边缘卷曲呈荷叶边状）的病毒最大稀释孔为该病毒的凝集价，即 1 个凝集单位，不凝集者红细胞沉于孔底呈点状。

**表 9-3　反向间接血凝试验术式表**

| 孔号 | 1 | 2 | 3 | 4 | 5 | 6 | 7 | 8 | 9 | 10 | 11 | 12 |
|---|---|---|---|---|---|---|---|---|---|---|---|---|
| 病毒稀释度 | 1:2 | 1:4 | 1:8 | 1:16 | 1:32 | 1:64 | 1:128 | 1:256 | 1:512 | 1:1 024 | 1:2 048 | 血细胞对照 |
| 生理盐水($\mu$L) | 50 | 50 | 50 | 50 | 50 | 50 | 50 | 50 | 50 | 50 | 50 | 50 |
| 病毒($\mu$L) | 50 | 50 | 50 | 50 | 50 | 50 | 50 | 50 | 50 | 50 | 弃去 50 | |
| 1%致敏红细胞($\mu$L) | 50 | 50 | 50 | 50 | 50 | 50 | 50 | 50 | 50 | 50 | 50 | 50 |
| 37℃ 20min | | | | | | | | | | | | |
| 判定结果 | # | # | # | # | # | # | # | +++ | ++ | + | − | − |

[思考题]

1．哪些因素影响细菌凝集试验？凝集试验中为什么要设生理盐水对照？
2．何为间接血凝试验和反向间接血凝试验？有何实际意义？

## 实验十

# 沉 淀 试 验
## (Precipitation reaction test)

可溶性抗原（如细菌的外毒素、内毒素、菌体裂解液、病毒、组织浸出液等）与相应的抗体结合后，在适量电解质存在下，形成肉眼可见的白色沉淀，称为沉淀试验。沉淀试验的抗原可以是多糖、蛋白质、类脂等，分子较小，反应时易出现后带现象，故通常稀释抗原。参与沉淀试验的抗原称沉淀原，抗体称为沉淀素。沉淀试验广泛应用于病原微生物的诊断，如鸡马立克氏病羽根琼脂扩散试验等。

[目的要求]
(1) 掌握炭疽杆菌环状沉淀试验的操作技术和结果观察。
(2) 掌握小鹅瘟抗血清琼扩效价测定的基本操作技术。
(3) 熟悉对流免疫电泳的一般原理。

[实验材料]
炭疽沉淀抗原、炭疽沉淀血清、口径0.4cm小试管、毛细滴管、小鹅瘟琼扩抗原、待检小鹅瘟抗血清、鸡传染性囊病抗血清、鸡传染性囊病待检抗原、8.5%高渗盐水、琼脂粉、玻板、巴比妥缓冲液、电泳槽、电泳仪等。

[实验内容及操作程序]
**1. 炭疽环状沉淀试验**

*抗原处理* 如待检样为皮张可用冷浸法：检样置37℃温箱烘干，高压灭菌后，剪成小块称重，然后加入5～10倍的石炭酸生理盐水，放室温浸泡10～24h，用滤纸过滤2～3次，使之呈清朗的液体，此即为待检抗原。

*加样* 取3支口径0.4cm的小试管，在其底部各加约0.1mL的炭疽沉淀血清（用毛细血管加，注意管壁可有气泡）。取其1支，用毛细管将待检抗原沿着管壁重叠在炭疽沉淀血清之上，上下两液间有整齐的界面，注意勿产生气泡。另2支小试管，一支加炭疽阳性抗原，另一支加生理盐水，作为对照。

*结果判定* 5～10min内判定结果，上下重叠两液界面上出现乳白色环者，为炭疽阳性。对照组中，加炭疽阳性抗原者应出现白环，而加生理盐水者应不出现白环。

**2. 小鹅瘟抗血清琼扩效价滴定**

琼脂板制备　称取 1g 琼脂粉，加至 100mL 8.5% 的高渗盐水中，煮沸使之溶解。待溶解的琼脂温度降至 55℃ 左右时浇玻板，厚约 2mm。

打孔　在琼脂凝胶上打梅花孔，孔径为 2mm，中间孔和周围孔间的距离大约为 3mm。

稀释与加样　将小鹅瘟高免血清作 2 倍比稀释，即 1∶2、1∶4、1∶8、1∶16、1∶32 等，分别加至周围孔中，中间加小鹅瘟琼扩抗原。

作用　将琼脂凝胶板放置湿盒中，在饱和湿度下，于 37℃ 扩散 24h。

结果观察　抗原抗体在凝胶内扩散，在两孔之间比例最适合的位置出现沉淀带，出现沉淀带的抗体最大稀释倍数即抗体效价。

**3. 对流免疫电泳检测鸡传染性囊病病毒**

琼脂板制备　同上法制备琼脂凝胶板。

打孔　孔径 3mm，孔距 5mm，一张载玻片可打 12 个孔。

加样　挑去孔内琼脂后，将鸡传染性囊病病毒置负极一侧孔内，抗血清置正极一侧孔内。

电泳　在电泳槽内加入 pH 8.6 的巴比妥缓冲液，将滤纸片放入缓冲液内浸湿搭桥。将电泳槽正负极与电泳仪相连，电位降为 4～6V/cm，电场强度为 3mA/cm，电泳 60～90min 后观察结果。

结果观察　在抗原、抗体两孔间可见有白色沉淀，如不清晰，可将凝胶板置 37℃ 培养箱数小时，可增加清晰度。

本法比双扩散敏感 10～16 倍，并可大大缩短沉淀带出现的时间，适于作快速诊断之用。

[思考题]

1. 对流免疫电泳的原理是什么？
2. 琼脂扩散试验常用于复杂抗原的分析，为什么？

# 实验十一

# 荧光抗体技术
## (Fluorescent antibody technic)

荧光抗体染色法是指用荧光素对抗原或抗体进行标记，然后用荧光显微镜观察所标记的荧光以分析示踪相应的抗原或抗体的方法。该技术将血清学的特异性和敏感性与显微技术的精确性结合起来，解决了生物学上的许多难题，如病毒的侵袭途径及其在感染细胞内复制部位的研究，以及抗体的产生部位等。随着荧光抗体技术的敏感性和特异性的进一步提高，该技术在病原微生物的早期诊断、肿瘤抗原的研究、抗原抗体的免疫组化定位等方面得到了广泛应用。

[目的要求]

（1）掌握荧光抗体染色法诊断猪瘟的基本操作步骤。

（2）掌握荧光显微镜的使用方法。

[实验材料]

猪瘟病猪的肠系膜淋巴结、猪瘟荧光抗体、冰冻切片机、0.01mol/L PBS（pH 7.2）、玻片、-30℃丙酮、荧光显微镜、缓冲甘油、盖玻片。

[实验内容及操作程序]

**1. 标本制备**

切片制备　将冰冻的淋巴结进行切片，冰冻切片置载玻片上，以-30℃丙酮4℃固定30min。

洗涤　将固定好的切片以PBS漂洗，漂洗5次，每次3min。

**2. 直接染色法**

染色　在晾干的标本片上滴加猪瘟荧光抗体，放湿盒内置37℃染色30min。

洗涤　取出标本片，以吸管吸PBS冲去玻片上的荧光抗体，然后置大量PBS中漂洗，共漂洗5次，每次3min，再以蒸馏水冲洗晾干。

封载　滴加pH 9.0缓冲甘油，封片，供镜检。

本试验需设定以下对照：①阳性对照。②自发荧光对照，以PBS代替荧光抗体染色。③抑制试验对照，标本上加未标记的猪瘟抗血清，37℃于湿盒中30min后，PBS漂洗，再加标记抗体，染色同上。

**镜检** 将染色后的标本片置荧光显微镜下观察，先用低倍物镜选择适当的标本区，然后换高倍物镜观察。以油镜观察时，可用缓冲甘油代替香柏油。

阳性对照应呈黄绿色荧光，而猪瘟自发荧光对照组和抑制试验对照组应无荧光。

结果判定标准

  ＋＋＋＋  黄绿色闪亮荧光

  ＋＋＋  黄绿色的亮荧光

  ＋＋  黄绿色荧光较弱

  ＋  仅有暗淡的荧光

  －  无荧光

### 3. 间接染色法

**一抗作用** 在晾干的标本片上滴加猪瘟抗体（用兔制备），置湿盒，37℃作用 30min。

**洗涤** 以吸管吸取 PBS 冲洗标本片上的猪瘟抗体，后置大量 PBS 中漂洗，共漂洗 5 次，每次 3min。

**二抗染色** 滴加羊抗兔荧光抗抗体，置湿盒，于 37℃染色 30min。

**洗涤** 以吸管吸取 PBS 冲洗标本片上的荧光抗体，后置大量 PBS 中漂洗，共漂洗 5 次，每次 3min。

**晾干** 将标本片置晾片架上晾干。

**镜检** 同直接法。

本试验应设以下对照：①自发荧光对照。②阴性兔血清对照。③已知阳性对照。④已知阴性对照。

**结果判定** 观察和结果记录同上，除阳性对照外，所有对照应无荧光。

使用荧光显微镜应注意以下问题：

（1）应在暗室或避光的地方进行操作，荧光显微镜安装调试后，最好固定在一个地方加盖防护，勿再移动。

（2）高压汞灯点燃后，需经 10～15min 达最大亮度。点燃一次要在 2h 内结束。工作中途不要关闭汞灯，关闭后不可立即开启。温度过高时，可用电风扇冷却。汞灯的寿命约 200h，用时应记录时间，至适合极限时应更换新灯泡。

（3）制备标本的载玻片越薄越好，应无色透明。涂片也要薄些，太厚不易观察，发出的荧光也不亮。

（4）标本检查时如需用油镜，可用无荧光的镜油、液体石蜡或缓冲甘油代替柏木油。放载玻片时，需先在聚光器镜面上加一滴缓冲甘油，以防光束发生散射。

（5）标本涂布附近可用红蜡笔划一记号，先以此对光，然后再移入标本区观察。通常先用低倍镜找出要观察的部分，然后换高倍镜仔细观察。先看对照，再看试验标本。在同一标本区不宜连续观察 3min 以上，以免荧光猝灭。

（6）标本制好后，最好当天观察，观察完毕，如有必要保存，可在 4℃ 保存数月。

[思考题]
1. 猪瘟淋巴结冰冻切片做荧光抗体检测时如何制样？如何固定？
2. 怎样消除实验中的非特异染色？

# 实验十二

# 酶联免疫吸附试验（ELISA）

酶联免疫吸附试验是目前发展最快，应用最广泛的一种免疫学检测技术。其基本过程是将抗原或抗体吸附于固相载体上，在载体上进行免疫酶染色，底物显色后以肉眼或酶标仪检测结果。本试验将抗原抗体反应的特异性与酶催化化学反应的敏感性结合，可用于生物活性物质的微量检测，广泛应用于整个生命科学领域。

[目的要求]

（1）掌握酶联免疫吸附试验的基本操作步骤。

（2）了解猪群猪瘟抗体监测的意义。

[实验材料]

猪瘟病毒、酶标 SPA、待检血清、猪瘟阳性血清、猪瘟阴性血清、0.01 mol/L PBS、封闭液 2mol/L $H_2SO_4$ 溶液、pH 9.6 碳酸盐缓冲液、3% $H_2O_2$、柠檬酸盐缓冲液、OPD、酶标板、酶联检测仪、微量加样器、tip 头。

[实验内容及操作程序]

**PPA-ELISA 检测猪瘟抗体效价**

包被　用碳酸盐缓冲液稀释猪瘟病毒抗原至 1μg/mL，以微量加样器每孔加样 100μL，置湿盒内 37℃ 包被 2～3h。

洗涤　以含 0.05% 吐温的 PBS 冲洗酶标板，共洗涤 5 次，每次 3min。

封闭　以微量加样器在每孔内加 1% PBS 封闭液 200μL，置湿盒内 37℃ 封闭 3h。

洗涤　以含 0.05% 吐温的 PBS 冲洗酶标板，共洗涤 5 次，每次 3min。

加待检血清　以微量加样器在每孔内加 100μL PBS，然后在酶标板的第 1 孔加 100μL 待检血清，以微量加样器反复吹吸几次混匀后，吸 100μL 加至第 2 孔，依次倍比稀释至第 12 孔，剩余的 100μL 弃去，置湿盒内 37℃ 作用 2h。

洗涤　以含 0.05% 吐温的 PBS 冲洗酶标板，共洗涤 5 次，每次 3min。

加酶标 SPA　以 PBS 将酶标 SPA 稀释至工作浓度，以微量加样器每孔加 100μL，置湿盒内 37℃ 作用 2h。

洗涤　以含 0.05% 吐温的 PBS 冲洗酶标板，共洗涤 5 次，每次 3min。

**加底物显色** 取 10mL 柠檬酸盐缓冲液，加 OPD 4mg 和 3% $H_2O_2$ 100μL，每孔加 50μl 置湿盒内 37℃ 避光显色 10min。

**终止反应** 加 2mol/L $H_2SO_4$ 溶液终止反应每孔 100μL。

**结果判定** 以酶标仪检测样品的 $A_{490}$，检测之前，先以空白孔调零，当 P/N≥2.1 即判为阳性。

注意：每块 ELISA 均需在最后一排的后 3 孔设立阳性对照、阴性对照和空白对照。

[思考题]
1. 免疫酶技术的原理是什么？
2. 猪群猪瘟抗体监测对指导猪瘟免疫有何实际意义？

# 实验十三

# 葡萄球菌与链球菌
## (*Staphylococcus* and *Streptococcus*)

葡萄球菌与链球菌在自然界中分布极广，常存在于动物的皮肤、呼吸道及消化道中。其中有的为非致病菌，有的为致病菌。这些细菌的形态、培养和生化反应具有一定的特征，熟悉这些特性，掌握细菌学诊断方法以及致病性葡萄球菌与链球菌的主要鉴别要点。

[目的要求]

(1) 掌握致病性葡萄球菌和链球菌的微生物诊断方法。

(2) 了解它们的形态、排列、生化特性及 CAMP 试验的操作方法。

[实验材料]

金黄色葡萄球菌、无乳链球菌、肺炎链球菌的血琼脂平板培养物各一块，金黄色葡萄球菌斜面培养物、甘露醇微量发酵管、血琼脂平板、1:5兔血浆、3% $H_2O_2$。

[实验内容]

**1. 葡萄球菌的形态观察**　挑取各种葡萄球菌的菌落或病料涂片，革兰氏染色后，观察其形态、排列及染色性。在液体培养物和病料涂片中，葡萄球菌常呈单个、成对或短链状。在固体培养基上生长的常呈典型的葡萄串状排列。革兰氏阳性。

**2. 葡萄球菌的培养特性**

接种　将血琼脂平板分为几个等份，取各种葡萄球菌或病料，用划线培养法分别接种于血平板上，并标记之。同样，分别将菌种接种于普通琼脂平板及普通肉汤中，置37℃培养18~24h。

观察结果及记录

普通琼脂平板：菌落呈圆形、湿润、不透明、边缘整齐、表面隆起的光滑菌落。由于菌株不同可能呈现黄色、白色或柠檬色。

血液琼脂平板：多数致病性菌落形成明显的溶血。

肉汤：显著混浊，形成沉淀，在管壁形成菌环。

**3. 葡萄球菌的生化特性**

甘露醇发酵试验　将各种葡萄球菌分别接种于甘露醇发酵管中，置37℃培养24h，观察分解甘露醇的情况。

过氧化氢酶试验　将1mL3%过氧化氢，倾注于普通琼脂平板上生长的菌落中，观察有无气泡发生。出现气泡者为阳性。或取少量的3%过氧化氢注入清洁小试管中，用细玻璃棒蘸少许细菌，插入过氧化氢液面之下，观察有无气泡产生。

凝固酶试验

(1) 试管法：将1:10的兔血浆或羊血浆1mL，置于清洁的小试管中，加入5~10滴肉汤培养物或细菌悬液，摇匀，置37℃，定时观察至6h。如呈现胨胶状者为阳性。

(2) 玻片法：于玻片上滴加生理盐水1滴，挑取菌落浮于生理盐水中，然后滴加兔血浆1滴，混匀，若细菌凝集成块则为阳性。

**4．致病性葡萄球菌的鉴定**　大多数致病性葡萄球菌，过氧化氢酶及凝固酶试验为阳性；产生金黄色色素；血液平板上形成溶血；发酵甘露醇产酸不产气（表13-1）。

表13-1　3种葡萄球菌的鉴别

| | 过氧化氢酶试验 | 三糖铁培养基底部变黄 | 发酵甘露醇 | |
|---|---|---|---|---|
| | | | 有氧条件下 | 厌氧条件下 |
| 金色葡萄球菌 | + | + | + | + |
| 表皮葡萄球菌 | − | + | ± | − |
| 腐生葡萄球菌 | − | − | ± | − |

注：±有些菌株为阳性，有些为阴性。

**5．链球菌的形态观察**　以接种针分别挑取各种链球菌培养物或取病料（脓汁、乳汁、渗出物等）分别涂片，用革兰氏染液及美蓝染液染色，镜检观察它们的形态、排列、大小及染色特性并绘图说明。

多数链球菌在血清肉汤中常呈长链状排列，比较典型。而在固体培养基上生长者或病料涂片，常为短链状排列。马链球菌马亚种链球菌在脓汁中常呈长链状排列。

**6．链球菌的培养特性**

接种　以划线法将各种链球菌或分离培养的可疑菌落分别接种于血液平板、血清肉汤或马丁肉汤中。置37℃培养18~24h（液体培养基可培养6~18h）。

观察结果　观察并记录平板上菌落的形态、大小、表面及溶血情况以及在血清肉汤或马丁氏肉汤中的生长情况。

链球菌的溶血现象可分为 α、β 及 γ 3 型，在 37℃ 培养 24h 后，于血液平板的深处形成绿灰色菌落，其周围有不透明的绿色轮晕，称 α 型溶血，又称绿色溶血型；在血液平板上的菌落周围形成无色透明的溶血环者称 β 型溶血；在血液平板上的菌落周围不产生溶血现象称 γ 溶血，又称非溶血型。

**7. 链球菌的生化特性**　链球菌的鉴定，除根据形态排列、培养特性及溶血现象外，必须进行生化试验。常用乳糖、菊糖、山梨醇、水杨苷发酵管培养基，观察它们对这些碳水化合物的分解能力，最后做综合判断。

对乳腺炎的检查，应着重检查无乳、停乳、乳房 3 种链球菌、化脓链球菌及葡萄球菌。鉴定 3 种链球菌及葡萄球菌常用下列两种方法：

溴甲酚紫试验　取 0.5mL 无菌的 0.5% 溴甲酚紫溶液，加入 9.5mL 新挤出的牛乳中（废弃初挤出的牛乳，然后无菌操作将乳挤入无菌的刻度试管中），混匀后乳汁呈紫色。置 37℃ 培养 24h，观察结果。如由紫色变为绿色或黄色，沿管壁在管底有黄色团块者则为无乳链球菌。因为它所引起的乳房炎的乳清中含有凝集素，在这种情况下无乳链球菌生长时常聚集成团，又因此菌能发酵乳糖产酸而使乳汁变为黄色。如果病乳中含有两种以上细菌，或采乳过程中有其他细菌污染时，则可出现不同的结果而不易判断。

CAMP 试验　在血液平板上，先接种 1 条金黄色葡萄球菌的划线，与此线垂直接种被检的链球菌。在有金黄色葡萄球菌产物存在的情况下，无乳链球菌可产生明显的溶血现象。

**8. 链球菌的致病力**　将马链球菌兽疫亚种的肉汤培养物注射到小鼠（腹腔，0.1mL），观察 3d，如有死亡，取其腹腔渗出液作涂片，革兰氏染色镜检。

[思考题]

1. 描述葡萄球菌和链球菌的基本形态及培养特征。
2. 试述葡萄球菌血浆凝固酶试验的原理及其意义。
3. 何谓 CAMP 试验？有何意义？

# 实验十四

# 肠杆菌科
# （Enterobacteriaceae）

肠杆菌科的细菌种类繁多，在自然界中广泛分布，能引起人和动物的多种传染性疾病，尤其是消化道传染病，具有极为重要的公共卫生学意义。该科成员染色形态相似，但各种细菌的生化特性较为稳定具有重要诊断意义。

[目的要求]

(1) 了解大肠杆菌与沙门氏菌的形态与染色特性。

(2) 熟悉大肠杆菌与沙门氏菌的主要培养特性。

(3) 熟悉大肠杆菌和沙门氏菌常规微生物学诊断方法。

[内容与安排]

根据本实验与所含内容的系统性及实验操作的阶段性，可将全实验分几个阶段来完成，其安排是：

阶段一　大肠杆菌与沙门氏菌（附产气肠杆菌、普通变形杆菌）的形态、培养特性的观察，实验材料的增菌与直接分离培养。

阶段二　识别菌落、作纯培养及三糖铁琼脂接种。

阶段三　菌种纯度检查及生化培养基接种。

阶段四　生化反应结果观察与沙门氏菌血清学诊断。

阶段一至三应连续安排，阶段四可在阶段三后3~4d进行。现将四阶段分述如下：

## 阶　段　一

**1. 材料**

实验菌种　混合菌液甲（大肠杆菌与沙门氏菌），混合菌液乙（产气肠杆菌与普通变形杆菌）。

观察材料　4种细菌的肉汤培养物、琼脂平板、麦康凯或SS琼脂平板的培养物、三糖铁琼脂培养物。

培养基　亚硒酸盐亮绿增菌液或四磺酸钠增菌液；SS琼脂平板、麦康凯琼脂平板等选择与鉴别培养基。

2. 内容与方法

**培养特性观察** 对大肠杆菌、沙门氏菌、产气肠杆菌、普通变形杆菌在常用培养基上的培养特性作仔细观察，并互相比较。

**形态观察** 以无菌接种环分别挑取上述 4 种细菌在麦康凯等琼脂平板上生长的单个菌落，在玻片上制成涂片，待自然干燥后，以火焰固定，用革兰氏染色法染色，镜检。观察每种细菌的形态、大小与排列方式，并作比较。

这 4 种细菌都是革兰氏阴性而两端钝圆的杆菌，无芽孢和荚膜，大小差异不显著。

**增菌培养** 用无菌 2mL 刻度吸管吸取混合菌液甲 2mL，分别加入亚硒酸盐亮绿增菌液 10mL 的试管与四磺酸钠增菌液 10mL 的试管中各 1mL。换另一支无菌吸管，以同样方法将混合菌液乙接种到两种增菌液中，接种后轻轻摇匀，置 37℃ 恒温箱内培养 18～24h。

**直接分离培养** 每种混合菌液用常规划线方法，接种麦康凯或远藤氏（或其他）琼脂平板和 SS 琼脂平板各一个。置 37℃ 恒温箱内培养 24h 后取出，观察每种平板上两种细菌的生长情况，单个菌落的形态，并比较之。

在实际工作中，检查大肠杆菌与沙门氏菌的病料（排泄物、脏器、胃肠内容物、流产胎儿等）时，应同时进行增菌与直接分离培养。如果直接分离培养能获得可疑菌落，则增菌培养物可不再作用。否则，须从 24 及 48h 的增菌培养物中两次挑取材料，重复作划线分离培养。

保留获得单个菌落的平板培养物，待阶段二时使用。

# 阶 段 二

1. **材料** 普通琼脂斜面、三糖铁琼脂等。

2. 内容与安排

**纯培养** 从经 24h 培养的麦康凯琼脂平板或 SS 琼脂平板上，分别选出 4 种不同细菌的单个菌落。然后，用无菌接种环在 4 种单个菌落的中央表面轻轻挑取培养物少许，各移植至普通琼脂斜面一管，置 37℃ 恒温箱中培养 24h 后，取出后在冰箱内或室温保存，备用。

**三糖铁琼脂接种** 用灭菌接种环从纯培养所选定的 4 个单个菌落中再次分别挑取细菌少许，各接种一管三糖铁琼脂。接种时，先涂布斜面，后穿刺底层。置 37℃ 恒温箱中培养 24h，取出观察其反应情况，并将结果记录在后面的附表内。

## 阶 段 三

### 1. 材料

生化培养基 蛋白胨水、葡萄糖蛋白胨水、糖培养基、尿素琼脂、醋酸铅琼脂、枸橼酸盐琼脂、半固体琼脂、硝酸钾蛋白胨溶液等。

### 2. 内容与方法

菌种纯度检查 生化试验前，须对菌种进行纯度检查，以保证其不污染杂菌，否则，影响生化反应结果的准确性。检查方法同一般培养物的制片、染色、镜检。镜检时要适当多看几个视野，每视野中细菌形态与染色性质均须符合该菌种的特性。凡污染杂菌者，此菌种不可使用。

糖发酵管接种 每种培养物分别接种葡萄糖、乳糖、麦芽糖、甘露醇、蔗糖、卫矛醇微量生化培养管。每种糖一管，或穿刺接种每种糖的半固体糖培养基。

蛋白胨水接种 每种菌种接种一管，培养后作吲哚试验。

葡萄糖蛋白胨水接种 每种菌种接种两管，培养后一管作 MR 试验，另一管作 VP 试验。

尿素琼脂接种 每一纯培养接种一管，接种量可以大。

枸橼酸盐琼脂接种 每一纯培养各接种一管，接种量要少。

醋酸铅琼脂接种 每一纯培养各接种一管，接种时应靠近管壁穿刺，以便于观察结果。

半固体琼脂接种 纯培养各穿刺接种一管，穿刺线应在培养基中央，一直刺到管底，拔出穿刺针时应顺原穿刺线取出，切不可左右滑动，以免影响观察结果。

硝酸钾蛋白胨溶液接种 纯培养各接种一管。

以上培养基接种后，应在各管管壁上标记菌种号码，然后置入 37℃ 恒温箱中培养 2~3d，待下阶段实验结果。糖培养基按规定应每日观察一次，尿素培养基接种的细菌量多时，一般在培养后数小时内出现反应结果，但为了便于实验，可都在下次实验观察结果。

## 阶 段 四

### 1. 材料

生化试剂：MR 试剂、VP 试剂、吲哚试剂、乙醚、硝酸盐还原试剂、生理盐水等。

沙门氏杆菌诊断血清：A~E 群多价 O 血清及单因子血清。

## 2. 内容与方法

**糖发酵** 取经 2~3d 培养后的 4 种细菌的 6 种糖培养管一一观察，凡培养基变为黄色者，表示该菌发酵此糖产酸（以 + 表示之）；凡培养基变黄并含气泡者，为发酵此糖产酸产气（以（＋）表示之）；凡培养基不变色者，表示该菌不发酵此糖（以 - 表示之）。

**MR 试验** 取一支经 2~3d 培养的葡萄糖蛋白胨水培养管，加入 MR 试剂数滴（2~5 滴），凡液体呈红色者为阳性反应（＋），呈黄色者为阴性反应（－），橙黄色者为可疑反应（±）。

**VP 试验** 取另一支葡萄糖蛋白胨水培养管，先加含甲萘酚的 VP 试剂甲液 3mL，再加 VP 试剂乙液（KOH40％）1mL，摇匀后静置试管架上 1~2h 后，观察结果。凡液体呈红色者为阳性，不变色者为阴性。

**吲哚试验** 取蛋白胨水培养管先加乙醚少量，塞紧棉塞摇振试管，使乙醚与培养液充分混匀，静置试管架上片刻，待乙醚浮于液面上层时，沿管壁加入吲哚试剂 2~3 滴。凡在乙醚层内出现玫瑰红者为阳性反应，不变色者为阴性反应。

**枸橼酸盐利用** 观察经 2~3d 培养的枸橼酸盐琼脂管是否有细菌生长，并观察其颜色变化。凡有细菌生长，培养基变为天蓝色者，为该菌利用枸橼酸盐，否则为阴性反应。

**硫化氢** 观察经 2~3d 天培养的醋酸铅琼脂管，凡沿穿刺线或其周围出现黑色沉淀者，为 $H_2S$ 阳性反应，无黑色者为阴性反应。

**运动力** 观察半固体琼脂培养管，凡细菌有鞭毛能运动者，则部分或全部半固体琼脂变混浊，凡不运动者细菌仅在穿刺线上生长，穿刺线外围培养基仍然透明。

**硝酸盐还原试验** 将硝酸钾蛋白胨溶液取出，观察生长（应混浊），每管沿管壁加入试液甲 2 滴和试液乙 2 滴，红色为阳性。

将上述各项生化反应结果填入附表内。

附表　4 种细菌生化反应结果表

| | 三糖铁 | | | 糖发酵 | | | | | | 甲基红 | VP | 吲哚 | $H_2S$ | 尿素酶 | 枸橼酸盐利用 | 运动力 |
|---|---|---|---|---|---|---|---|---|---|---|---|---|---|---|---|---|
| | 斜面 | 底层 | $H_2S$ | 葡萄糖 | 乳糖 | 麦芽糖 | 甘露醇 | 蔗糖 | 卫矛醇 | | | | | | | |
| 大肠杆菌 | | | | | | | | | | | | | | | | |
| 兔沙门氏菌 | | | | | | | | | | | | | | | | |
| 产气肠杆菌 | | | | | | | | | | | | | | | | |
| 普通变形杆菌 | | | | | | | | | | | | | | | | |

**沙门氏菌血清学诊断** 沙门氏菌的血清学诊断，有玻板（片）凝集法与试

管凝集法两种，常用的是玻板法，所以本实验仅做此法。

分群：取一张清洁的玻片，滴一小滴（或接种环 2 满环）沙门氏菌多价 O 血清（A～E 组）至玻片上，再用接种环挑取疑为沙门氏菌的纯培养物少许，与玻片上的多价 O 血清混匀成浓菌液，混匀后摇动玻片，如在 2min 内（室温 20～25℃，如冬天须适当加温）出现凝集现象，即可初步诊断该菌为沙门氏菌。同样应以生理盐水代替多价血清作一对照，以免有自身凝集的细菌而使判断错误。进一步用代表 A 群（$O_2$）、B 群（$O_4$）、$C_1$ 群（$O_7$）、$C_2$ 群（$O_8$）、D 群（$O_9$）与 E 群（$O_3$）的 O 因子血清作同样的玻片凝集反应，被哪一群 O 因子血清所凝集，则确定被检沙门氏菌为该群。例如：$O_9$ 因子血清＋培养菌→凝集＝D 群沙门氏菌。

定型：菌群决定后，用该群所含的各种 H 因子血清和被检菌作玻片凝集反应，以确定其 H 抗原。根据检出的 O 抗原和 H 抗原列出被检菌的抗原式，查对有关沙门氏菌的抗原表即可知被检菌为哪种沙门氏菌。

一般情况下，如不要求定型，只做到定群这一步即可。在实际工作中，判断被检菌是否为沙门氏菌，应根据被检菌的生化反应和血清学诊断结果结合起来考虑。凡两者均符合沙门氏菌特性，则确认为沙门氏菌；凡两者均不符合者，则否定为沙门氏菌；凡两者中有一项符合沙门氏菌特性者，则可认为是沙门氏菌。

总结以上实验内容，可知大肠杆菌与沙门氏菌的一般检查程序如下图所示：

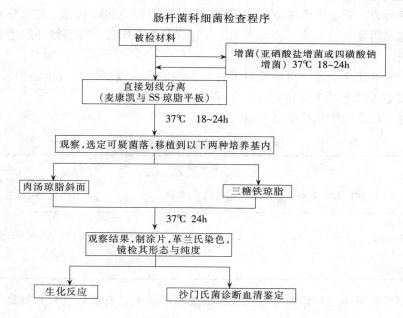

肠杆菌科细菌检查程序

## 附：用于肠道菌的特殊培养基

### 1. 亚硒酸盐亮绿增菌培养基
**基础液** 蛋白胨 5g，胆酸钠 1g，酵母膏 5g，甘露醇 5g，亚硒酸氢钠 4g，水 900mL。将前 4 种成分加入水中煮沸 5min，待冷加入亚硒酸氢钠。在 20℃ 调 pH 至 $7.0\pm0.1$，贮于 4℃ 暗处备用，1 周内用完。

**缓冲溶液** 甲液：磷酸二氢钾 34g，水 1 000mL。乙液：磷酸氢二钾 43.6g，水 1 000mL。以甲液 2 份和乙液 3 份混合即成。此液在 20℃ 时其 pH 应为 $7.0\pm2.0$。

**亮绿溶液** 亮绿 0.5g，水 100mL。将亮绿溶于水中，置于暗处不少于 1d，使其自行灭菌。

**完全培养基** 基础液 900mL，亮绿溶液 1mL，缓冲液 100mL。将缓冲液加入基础液内，加热至 80℃，冷却后加亮绿溶液。分装入试管，每管 10mL，制备后应于 1d 内使用。

### 2. 四磺酸钠增菌液
**基础液** 牛肉浸膏 5g，碳酸钙 4.5g，蛋白胨 10g，氯化钠 3g，水 1 000mL。以上各成分置水浴中煮沸，使可溶者全部溶解（因碳酸钙基本上不溶）。调 pH 使灭菌后（121℃ 灭菌 20min）在 20℃ 时 pH 为 $7.0\pm0.1$。

**硫代硫酸钠溶液** 硫代硫酸钠（$NaS_2O_3 \cdot 5H_2O$）50g，水加至 100mL。将硫代硫酸钠溶于部分水中，最后加水至总量。在 121℃ 中灭菌 20min。

**碘溶液** 碘片 20g，碘化钾 25g，水加至 100mL。使碘化钾溶于最小量水中后，再投入碘片。摇振至全部溶解，加水至规定量。贮于棕色瓶内塞紧瓶塞。

**亮绿溶液** 见亚硒酸盐亮绿增菌液。

**牛胆溶液** 干燥牛胆 10g，水 100mL。将干燥牛胆置入水中煮沸溶解，在 121℃ 中灭菌 20min。

**完全培养基** 基础液 900mL，亮绿溶液 2mL，硫代硫酸钠溶液 100mL，牛胆溶液 50mL，碘溶液 20mL。以无菌条件将各种成分依照上列顺序加入于基础液内。每加入一种成分后充分摇匀。无菌分装试管，每管 10mL，贮于 4℃ 暗处备用。配好培养基须 1 周内使用。

### 3. 麦康凯琼脂
蛋白胨 2g，琼脂 2.5～3g，氯化钠 0.5g，乳糖（CP）1g，胆盐（3 号胆盐或牛胆酸钠）0.5g，1% 中性红水溶液 0.5mL，水 1 000mL。除中性红水溶液外，其余各成分混合于锅内加热溶解，调整 pH 至 7.0～7.2，煮沸，以脱脂棉花过滤（冬季需用保温漏斗过滤）。加入 1% 中性红水溶液，摇匀，121℃ 中灭菌 15min，待冷至 50℃ 时，倾成平板。等平板内培养基充分凝固后，置温箱内烘干表面水分。

### 4. SS 琼脂
胨蛋白 5g，牛肉膏 5g，乳糖 10g，琼脂 25～30g，胆盐 10g，0.5% 中性红水溶液 4.5mL，枸橼酸钠 10～14g，0.1% 亮绿溶液 0.33mL，硫代硫酸钠 8.5g，蒸馏水 1 000mL，枸橼酸铁 0.5g。除中性红水与亮绿溶液外，其余各成分混合，煮沸溶解，调整 pH 至 7.0～7.2，加入中性红水、亮绿溶液，充分混匀再加热煮沸，待冷至 45℃ 左右，制成平板。此培养基不能经受高压。制备好的培养基在 2～3d 内使用，否则影响分离效果。亮绿溶液配好后贮暗处，于 1 周内用完。

5. **三糖铁琼脂** 牛肉浸膏3g，蛋白胨20g，枸橼酸铁0.3g，乳糖10g，蔗糖10g，酵母膏3g，葡萄糖1g，氯化钠5g，硫代硫酸钠0.3g，琼脂12g，0.4%酚红水溶液6.3mL，水1 000mL。以上各成分置入水中煮沸溶解，调pH至7.4，分装直径15mm的试管，每管10mL，在121℃中灭菌10min。趁热做成底层部分约2.5cm高的高层斜面。

[思考题]
1．大肠杆菌和沙门氏菌在形态和培养特征上有何差异？
2．试述生化试验在肠杆菌科细菌的鉴别与诊断中的作用和意义。

# 实验十五

# 布氏杆菌（*Brucella*）

布氏杆菌为人畜共患传染病的病原，是革兰氏阴性、无运动力的小球杆菌，严格地在宿主细胞内寄生，培养时营养要求复杂。该属的成员主要引起动物流产和不育，有牛布氏杆菌（*Br. bovis*）、马尔他布氏杆菌（*Br. melitensis*）、猪布氏杆菌（*Br. suis*）、绵羊布氏杆菌（*Br. ovis*）以及犬布氏杆菌（*Br. canis*）等。

血清学试验是布氏杆菌的常规诊断手段，常采用玻板和试管凝集试验，牛布氏杆菌的乳汁环状试验用于检出奶牛群病牛。用活布氏杆菌进行实验时，应严格遵守个人防护规则，防止人员感染和环境污染。

[目的要求]

熟悉并初步掌握布氏杆菌的主要特性及其实验诊断方法。

[实验材料]

(1) 牛布氏杆菌 0.5% 葡萄糖肝汤斜面培养物，牛布氏杆菌血清葡萄糖琼脂平板培养物，枯草杆菌斜面培养物。

(2) 被检血清样品、阳性血清和阴性血清，布氏杆菌玻板凝集试验用抗原。

(3) 布氏杆菌鉴别染色液。

(4) 1mL 灭菌吸管，玻片等。

[实验内容及操作程序]

(1) 观察布氏杆菌在血清琼脂平板上生长表现并作描述。

(2) 从琼脂平板上挑取单个菌落进行特殊染色，观察布氏杆菌的形态特征。布氏杆菌常用科兹洛夫斯基或改良萋-尼氏鉴别染色法。

科兹洛夫斯基法（简称科氏法） 于清洁玻片上滴 1 滴蒸馏水，分别挑取布氏杆菌和枯草杆菌做一混合涂片，自然干燥，火焰固定；用 2% 沙黄水溶液加温染色，当出现气泡时为止，充分水洗 1~2min，再用 1% 孔雀绿水溶液复染 1min（或用美蓝染色液），水洗、干燥、镜检。结果所见布氏杆菌呈红色，球杆状，枯草杆菌呈绿色或蓝色。最好在 40min 内镜检，经久则红色会褪去。

改良萋-尼氏法 同上法制作标本片；用稀释石炭酸复红液染色 10min；

水洗；用0.5%醋酸处理，不超过30s；充分水洗；用1%美蓝轻度复染20s，水洗、干燥、镜检。结果布氏杆菌染成红色，背景为蓝色。

(3) 玻板凝集试验：

血清加样　取清洁的玻板一块，用玻璃笔划成5行小格，将血清样品以80、40、20、10μL分别加到一排的4个格里，最后一格加40μL生理盐水作对照。

滴加抗原　轻轻摇动抗原瓶，使其均匀悬浮，用滴管吸取抗原液，垂直滴1滴抗原（30μL）于每一格血清上，由生理盐水对照格开始用火柴棒搅匀，直至80μL的血清滴。

结果判定　拿起玻板在酒精灯火焰上方稍加热，在5~8min内即可判定结果，牛、马和骆驼的血清在20μL或以下凝集，而绵羊、山羊和猪血清在40μL或以下凝集判为阳性反应；牛和骆驼血清在40μL凝集，绵羊、山羊和猪血清在80μL凝集时判为可疑。

(4) 乳汁环状实验：本法主要用于乳牛和乳山羊，其特点是操作简便，易于现场操作，不须采取动物血液，准确性较高。但要求被检乳汁必须为新鲜的全脂乳（采集的乳汁夏季应当天内检查，如2℃下保存时，7d仍可使用）。凡腐败、酸败和冻结的乳汁，脱脂乳和煮沸过的乳汁，患乳房炎及其他乳房疾病的乳汁和初乳均不适于本试验。操作方法如下：

采乳　从各乳头挤乳时，最好将初挤的前几股乳汁弃去，再将所挤的乳汁混于大试管中。

操作方法　将被检乳、对照用已知阳性乳和已知阴性乳分别振荡后，各取1mL，分别放于反应管中，然后每管均加乳汁环状反应抗原50μL，充分混合后，置37℃水浴1h，小心取出试管，勿使振荡，立即判断。

判定标准　判定时不论哪种抗原（蓝色或红色），均按乳脂的颜色和乳柱的颜色进行判定。

强阳性反应（+++）　乳柱上层的乳脂形成明显红色或蓝色的环带。乳柱呈白色，分界清楚。

阳性反应（++）　乳脂层的环带虽呈红色或蓝色，但不如"+++"显著，乳柱微带红色或蓝色。

弱阳性反应（+）　乳脂层环带颜色较浅，但比乳柱颜色略深。

疑似反应（±）　乳脂层环带不明显，并于乳柱之分界模糊，乳柱带有红色或蓝色。

阴性反应（−）　乳柱上层无任何变化，乳柱呈均匀的红色或蓝色。

脂肪较少或无脂肪的乳汁呈阳性反应时，抗原呈凝集现象下沉管底，判定时以乳柱的反应为标准。

(5) 分离培养鉴定：未污染而含菌多的病料可直接接种于适合本菌培养的非选择性琼脂平板上（如肝浸汤琼脂、胰蛋白胨琼脂等）；含菌少的可先增菌后再接种平板分离；为了抑制杂菌生长，特别是已被污染的病料应接种于选择性琼脂平板上。同时接种2份，分别置于普通大气环境和含5%~10%$CO_2$环境中（常用的方法是置$CO_2$培养箱、燃烛法或每升培养罐中按浓盐酸 0.35mL，重碳酸钠 0.4g 制备 $CO_2$），37℃ 培养，每 3d 观察一次。如有细菌生长，挑取确定被检培养物是否为布氏杆菌。对阳性者进行纯培养，并可进一步做生化鉴定，以及种和生物型鉴定。如无细菌生长，应继续培养，直至 30d 后仍无生长者，方可认为阴性。

(6) 动物试验：豚鼠用于本菌的分离检查最为适宜，常用 300～450g 的成年公豚鼠做本试验，也可用小鼠、家兔、大鼠作为实验动物。实验前应做血清学检查，如为布氏杆菌阴性的动物方可使用。动物试验方法如下：

取前述病料制成悬液，做皮下或肌肉接种，如系污染材料则做腹腔接种。每种病料至少接种豚鼠 2 只，一般每只 1～2mL。接种后每隔 7～10d 采血，检查血清中抗体，如凝集价达 1:50 以上，即可认为阳性，证明已感染布氏杆菌。此时从豚鼠心血中常可分离培养出细菌。一般由接种后第 4、8 周分别扑杀 2 只豚鼠，扑杀前先做凝集试验。剖检时，常见鼠蹊淋巴结与腰下淋巴结肿大；脾肿大，表面粗糙，常见隆起的结节病灶；肝常见灰白色细小平坦的小结节；四肢关节肿胀；公豚鼠睾丸及附睾脓肿等病理变化，可进一步证实试验的阳性结果。取材做细菌分离培养，一般从脾脏和淋巴结可分离到纯布氏杆菌。若扑杀前的血清凝集试验为阳性，即使剖检后分离培养为阴性，也可诊断为布氏杆菌病。

## 附一：布氏杆菌的微生物学诊断程序

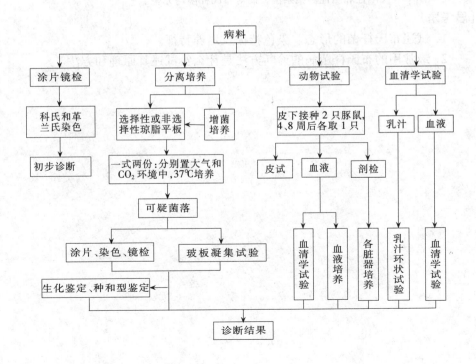

## 附二：供布氏杆菌分离用培养基

1. **胰蛋白胨琼脂** 胰蛋白胨 20g，葡萄糖 1g，氯化钠 5g，盐酸硫胺素 0.005g，琼脂 15~20g，蒸馏水 1 000mL。将上述成分混合，加热溶解，调 pH 至 7.0，121℃ 高压灭菌 20min，分装灭菌平皿。

此培养基供培养布氏杆菌用，亦利于巴氏杆菌、李氏杆菌的生长。

2. **肝浸汤培养基** 肝浸液 1 000mL，蛋白胨 10g，氯化钠 5g。取新鲜牛肝除去筋膜、胆管和脂肪，绞碎，称取 500g 置容器中，加蒸馏水 1 000mL 搅拌均匀，于 4℃ 冰箱过夜，煮沸 1h，纱布过滤，加水补足原量，即为肝浸液；将蛋白胨、氯化钠加入肝浸液中混合，加热溶解，调 pH 为 7.0~7.2，过滤分装，121℃ 高压灭菌 20min，即为肝浸汤培养基。在肝浸汤中加入 2% 的琼脂，即为肝浸汤琼脂。此培养基中加入 0.5% 葡萄糖即成 0.5% 葡萄糖肝汤琼脂，再加 5% 犊牛（或其他动物）血清即成血清葡萄糖琼脂。

此培养基用于布氏杆菌的分离培养。

3. **布氏杆菌选择性培养基** 此培养基是在布氏杆菌的非选择性培养基中，按 1 000mL 加入杆菌肽水溶液（2 000IU/mL）12.5mL、多黏菌素 B 水溶液（5 000IU/mL）1.2mL、放线菌酮水溶液（10mg/mL）10mL，或再加入乙基紫水溶液（0.1%）1.25mL，混匀而制成，可抑制革兰氏阳性和阴性污染杂菌，而对布氏杆菌均无害。

[思考题]

1. 试述布氏杆菌的形态、染色特征及培养特征。
2. 最常用的布氏杆菌病的诊断方法是什么？试述其原理和方法。

# 实验十六

# 巴氏杆菌（*Pasteurella*）

巴氏杆菌属的多杀性巴氏杆菌（*Pasteurella multocida*）引致多种家畜和家禽巴氏杆菌病，在临床上表现为出血性败血症，传染性肺炎或局部慢性感染。该菌为革兰氏染色阴性小杆菌，在组织中呈典型的两极染色，在鲜血培养基上生长良好，在普通培养基上生长不良，不在麦康凯琼脂上生长，对小鼠和家兔有高度致病性，禽源株对鸽有很强致病性。

[目的要求]
（1）掌握巴氏杆菌两极染色的形态特征。
（2）掌握巴氏杆菌的实验室诊断方法。

[实验材料]
多杀性巴氏杆菌鲜血琼脂斜面培养物、鲜血平板或马丁琼脂平板、巴氏杆菌致死小鼠、清洁玻片、剪刀、镊子、蜡盘、大头针若干。

[实验内容与操作程序]
1. **形态与染色** 挑取多杀性巴氏杆菌鲜血琼脂斜面培养物菌落，涂片、作革兰氏染色；巴氏杆菌致死的小鼠作分离培养后，肝脏或脾脏触片，或心血推片，姬姆萨染色，镜检，比较两者的形态特征。

2. **分离培养** 取巴氏杆菌致死小鼠，腹部向上固定于蜡盘上，用酒精棉球消毒体表，打开腹腔，暴露肝脏，用剪刀在火焰烧灼灭菌，在肝脏表面烫之杀死表面杂菌，随即在烧灼部刺一小孔，用灭菌接种环伸入烧灼部小洞中，将接种棒轻轻旋转2次，借以达到取足材料的目的。然后按实验五操作取材分区划线接种于鲜血平板或马丁琼脂，置37℃培养24h，观察菌落形态、大小、溶血状况等。该菌在鲜血平板上长成淡灰色、圆形、湿润、露珠样小菌落，菌落周围无溶血圈。

3. **动物接种试验** 常用实验动物为小鼠、家兔，禽源株可选用鸽子。接种材料可选用原料悬液或纯培养物，一般检验时先用原病料以无菌生理盐水制备1:5～10悬液，皮下、肌肉或腹腔注射均可，注射剂量0.2～0.5mL/只。接种后于10～24h内死亡。实验动物死亡后取肝、脾触片或心血涂片，姬姆萨染色，镜检，或进行分离培养，若有典型两极染色特征及相应培养特征者即可作出诊断。

巴氏杆菌的诊断程序如下图所示：

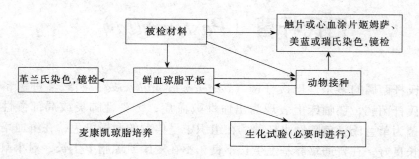

[思考题]

1. 多杀性巴氏杆菌在纯培养和病料组织中的形态特征有什么差别，检查时各用什么染色方法？

2. 描述多杀性巴氏杆菌的培养特征。

# 实验十七

# 炭疽芽孢杆菌
## (*Bacillus anthracis*)

炭疽杆菌是一个重要的人畜共患病病原，可引致多种动物急性败血症死亡。在微生物学实验室诊断时，对疑为炭疽病死亡的动物尸体及其他材料，在取材时应小心，取材后的尸体应立即焚毁，器械须严格消毒，严防污染、传播。

[目的要求]

（1）掌握炭疽病变组织涂片的诊断要点。

（2）学会炭疽杆菌实验室检验的步骤和方法。

[实验材料]

炭疽杆菌普通琼脂斜面培养物、注射炭疽杆菌死亡小鼠、研磨器、试管、5mL吸管、洗耳球、炭疽沉淀素血清1mL、毛细吸管、乳胶滴头、普通平板、肉汤培养基、清洁玻片、Ascoli氏沉淀管、明胶培养基、离心机、消毒液。

[实验内容]

**1. 检验材料的采取** 对疑为死于炭疽的动物尸体，通常严禁剖检，应自耳根部等末梢血管处采血或取天然孔流出的血液涂片镜检，作初步诊断。必要时可切开肋间采取脾脏。疑为皮肤炭疽可采取病灶水肿液或渗出物，疑为肠炭疽可采取粪便。若已错剖畜尸，则可取脾、肝、淋巴结等进行检验。需要时也可将皮、毛、骨粉等畜产品或饲草、饲料、土壤等送检。

**2. 涂片染色镜检** 挑取炭疽杆菌斜面培养物作涂片，革兰氏染色，镜检；待炭疽杆菌致死小鼠剖解分离培养后，用肝或脾制成触片，进行美蓝或姬姆萨染色，然后镜检。菌体呈砖形、单在或2~5个短链的竹节状，两节之间有清晰的间隙，菌体外有明显红色荚膜的革兰氏阳性大杆菌，体外培养物有芽孢但不形成荚膜。陈旧、腐败的病料镜检时，往往仅能见到无菌体的荚膜残骸，即所谓"菌影"。猪淋巴结中的炭疽杆菌有时丧失其标准形态或仅见"菌影"。如有条件还可做荚膜肿胀试验、荧光及酶标记抗体染色，镜检观察。

**3. 分离培养**

分区划线法 将注射炭疽杆菌死亡小鼠腹部向上，固定在蜡盘上，按实验五细菌分离培养，无菌操作取材。分区划线接种于普通琼脂平板上，37℃培养24h观察其生长特性，有无低、扁平、表面粗糙、干燥、边缘卷发状的典型菌落生长。

肉汤培养法　取上述病料或普通斜面培养物接种于肉汤培养基，37℃培养24h后可见肉汤清澄，管底有絮状生长物沉淀，轻摇成丝状而不散，随即渐渐降下，不形成菌膜或菌环。

对污染严重或陈旧材料，以及皮、毛、骨粉、土壤、饲草和饲料等，可剪碎或直接浸泡于悬液接种于上述平板或戊烷脒血琼脂等炭疽杆菌选择性琼脂平板。将接种好的琼脂平板置37℃培养18～24h后，挑选可疑菌落，并经抹片、革兰氏染色、镜检，转接普通琼脂斜面和普通肉汤进行纯培养，做进一步的鉴定。

**4. 明胶穿刺鉴别试验**　以铂金针取炭疽杆菌斜面培养物，垂直穿刺接种明胶培养基，置20℃温箱培养48～72h后，观察炭疽杆菌的特征性生长。沿穿刺线形成白色的倒立松树状生长，培养2～3d后，其液面往往液化呈喇叭口状。

**5. Ascoli氏环状沉淀试验**

*抗原制备*

热浸法：可用于疑为炭疽病畜实质脏器、鲜血、渗出液等材料中抗原的制备。取被检材料数克（或数毫升），如为脏器材料应先剪碎，加入5～10倍量的生理盐水浸泡2～3h，置沸水浴中煮沸30min或高压121℃15min，冷却后用滤纸过滤2～3次，得到清朗透明的滤液，即为待检抗原。

冷浸法：可用于疑为炭疽病畜的皮张、畜毛等材料中抗原的制备。对于皮张、畜毛检样，置于能隔水的容器中，121℃30min高压灭菌。如为鲜皮、湿皮和冻皮检样，则于灭菌前先置37℃温箱中放置48～96h烘干，然后再高压灭菌。灭菌后将皮张和畜毛剪碎，浸于5～10倍量的0.5%石炭酸生理盐水中，在10～20℃室温下浸泡16～24h或37℃3h，用滤纸过滤完全透明的滤液，即为待检抗原。

操作方法　取3支沉淀管（直径0.3～0.4cm，长约4～5cm），均用毛细滴管徐徐加入炭疽沉淀素血清至管高的1/3处，然后分别在3支沉淀管中沿管壁慢慢叠加待检抗原（被检测管）、炭疽标准抗原（阳性对照管）和生理盐水或正常动物脏器（皮张）煮沸滤液（阴性对照管）于沉淀素血清的上面，达到管高的2/3处。叠加过程要避免产生气泡，两液叠加界面应清晰可见。然后将3支沉淀管直立插于沙盒中，静置5～10min判定结果。在被检测管中，上下重叠的两液界面上出现乳白色沉淀环者，为阳性反应，否则为阴性反应。两对照管中，阳性对照应出现白色环，而阴性对照应不出现白色环。

**6. 鉴别试验** 通过鉴别试验，区别炭疽杆菌与蜡样芽孢杆菌及其他需氧芽孢杆菌，并对所分离菌进行鉴定。以下列举几项鉴别试验。

**培养特性观察** 观察琼脂平板上纯培养物的培养特性，典型的炭疽杆菌菌落大而扁平、表面粗糙、灰白色、干燥、无光泽、不透明、边缘呈卷发状、在血琼脂平板上不溶血或极轻微溶血；肉汤纯培养物在 24h 后观察，肉汤应澄清，管底有白色絮状沉淀物，轻摇不散，液面无菌膜、菌环；对平板和肉汤中的纯培养物涂片，革兰氏染色，镜检；在明胶穿刺培养中呈倒立松树状生长，培养 2~3d 后，明胶上部逐渐液化呈漏斗状。

**噬菌体裂解试验** 取待检菌 37℃ 培养 4~6h 的肉汤培养物，用接种环密集涂布于普通琼脂平板一定区域（直径约 2cm），待干后，在涂菌中部滴加诊断用炭疽杆菌噬菌体一接种环，待干后，置 37℃ 培养 8h，观察有无噬菌斑。若出现明显而透明噬菌斑者为炭疽杆菌。必要时可继续培养至 18h，再观察一次，以防错判。试验最好以已知炭疽杆菌作为阳性对照。

**串珠试验** 取待检菌接种肉汤，37℃ 培养 6h，摇匀取一接种环，转种于 1.8mL 肉汤管中，同时加入 5IU/mL 的青霉素液 0.2mL，使最终浓度为 0.5IU/mL，另取 2mL 肉汤管接种待检菌，不加青霉素作为对照。均置 37℃ 水浴中作用 1~2h，取出加入甲醛，使最终浓度为 2%，固定 10min，涂片，晾干，再火焰固定，用 1:10 石炭酸复红或美蓝染色 2~3min，镜检。若试验管菌体呈串珠状而对照管菌体仍呈长链杆状，表示被检菌为炭疽杆菌。串珠试验也可结合荧光抗体染色，则更具有实用价值。

**青霉素抑菌试验** 取待检菌 2~3h 的肉汤培养物 0.1mL，滴在 2% 兔血清琼脂平板中心处，用 L 棒均匀涂布于表面。待干后用无菌镊子夹取青霉素纸片（青霉素 100IU/片）一张，贴于琼脂平板中央，置 37℃ 培养 1~2h，用低倍镜观察，先找到纸片边缘，由内向外移动检查，由于青霉素向四周扩散，而形成不同的浓度差，可见纸片周围形成 3 个圈。第 1 圈青霉素浓度高，炭疽杆菌生长完全被抑制，为无菌生长的透明圈；第 2 圈青霉素浓度较低，炭疽杆菌形态发生改变，菌体肿大呈串珠状；第 3 圈无青霉素的作用，炭疽杆菌生长良好。此结果观察后，仍将琼脂平板置 37℃ 继续培养 8~12h，测量纸片周围抑菌圈的大小，炭疽杆菌一般为 20mm 左右，其他需氧芽孢杆菌不形成抑菌圈，少部分菌株可能会有大小不等的抑菌圈，这可与炭疽杆菌相区别。

**毒力试验** 将待检菌接种于含 0.5%~0.75% 碳酸氢钠的琼脂平板上，置于 10%~20% $CO_2$ 环境中，37℃ 培养 18~24h，肉眼观察菌落。有毒炭疽芽孢杆菌可发生菌落形态变异，由粗糙型变为黏液型，而无毒炭疽芽孢杆菌及类炭疽芽孢杆菌在此条件下不发生菌落形态变异，仍为粗糙型。

### 7. 动物致病力试验

**材料准备** 培养18h的肉汤培养物及血液、渗出液等，可直接注射实验动物；组织材料制成1:5乳悬液注射动物；污染严重的材料及皮、毛、土壤和饲料等可按分离培养时的处理方法制备悬液，将加热处理或不经加热处理的悬液注射动物。

**接种方法与剂量** 一般用皮下注射法。小鼠0.1～0.2mL、豚鼠0.2～0.5mL、家兔0.2～1mL。通常于接种12h后可见局部水肿，18～72h后动物死于败血症。猪局部淋巴结的炭疽"菌影"毒性常弱小，应当用乳兔或小鼠作腹腔注射接种。

**死后剖检** 动物死亡后应尽快剖检，如在注射局部皮下出现胶样渗出物，肝、脾肿大，发暗黑色，为炭疽杆菌有毒株的特征。取心血和脾做分离培养，并制成涂片或触片染色镜检。如发现带有荚膜的粗大杆菌，即可判定为由炭疽杆菌引起的死亡。

**快速检验法** 将准备好的材料0.2mL腹腔注射1～2只小鼠，同时皮下注射1只小鼠，于注射后2、4和6h，分次抽出极少量的腹腔渗出液，涂片染色镜检，观察是否有带荚膜的大杆菌。小鼠一般在注射后10～48h死亡，死亡后断其尾，以断尾涂片染色镜检。也可将处理好的被检材料悬液用新鲜蛋黄作对倍稀释，混匀后置37℃培养30min，每只小鼠皮下接种0.2mL，3～4h后扑杀，取注射部位及腹股沟淋巴结涂片，干燥，用10%龙胆紫染色液（龙胆紫10g，10%福尔马林溶液100mL，混合后振荡过夜，过滤分装备用）染色10～20s，迅速以20%硫酸铜溶液冲洗，再水洗、干燥、镜检。若视野中出现菌体呈紫色、荚膜呈淡紫色的杆菌，即证明病料中含炭疽杆菌。

### 8. 荚膜荧光抗体染色
病料涂片干燥后，以10%的中性甲醛溶液固定10～15min，水洗，滴加抗炭疽杆菌荚膜荧光抗体，置湿盒37℃染色30min，倾去荧光抗体，在pH8.0的PBS中浸泡10min，中间换液一次，再用蒸馏水轻轻冲洗，晾干。在荧光显微镜下检查，若发现在未被染色的大杆菌周围有发明亮荧光的荚膜时，即为阳性；如只发现产生均匀荧光的大杆菌，周围没有荚膜，则不能定为炭疽杆菌。

### 9. 荚膜肿胀试验
取检样液或组织悬液（最好用蒸馏水洗涤一次）滴于载玻片上，加一接种环或一滴抗炭疽杆菌荚膜血清，混匀制成湿片，先用低倍镜找到典型的细菌后，再用高倍镜进一步检查。若在大杆菌周围看到边缘清晰、肥厚不等的荚膜，即为阳性反应，无明显肿胀者为阴性反应。而在加正常兔血清的对照涂片中，则找不到肿胀的荚膜。

### 10. 琼脂扩散试验
从琼脂平板上切取直径3～5mm带有单个菌落的琼脂圆片，移填于琼扩反应板预先打好同样大小的外围孔中，中央孔在16～18h前即滴加炭疽免疫血清，然后将琼扩板置湿盒中扩散24～28h，如能形成与阳性对照抗原相同的沉淀带，即为阳性反应。此试验通过检查单个菌落是否产生炭疽杆菌特异的保护性抗原，来进行细菌的快速鉴定。

## 附一：炭疽芽孢杆菌的微生物学诊断程序

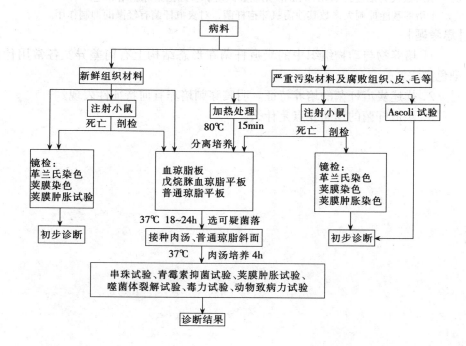

## 附二：供炭疽芽孢杆菌分离用的培养基

**1. 溶菌酶—正铁血红素琼脂** 于每毫升蛋白胨营养琼脂中加入正铁血红素（Haematin）40μg，溶菌酶60μg。

本培养基用于炭疽杆菌选择性分离培养。正铁血红素对炭疽杆菌无抑制作用，而对其他芽孢杆菌有抑制作用。炭疽杆菌对溶菌酶抵抗力大于其他芽孢杆菌。

**2. Kinsely 氏培养基** 在 Difco 牛心浸汤琼脂中加入多黏菌素 B30IU/mL，溶菌酶 40μg/mL，乙二胺四乙酸二钠（EDTA）300μg/mL，醋酸铊 40μg/mL。

本培养基用于炭疽杆菌选择性分离培养，其他芽孢杆菌在此培养基中不生长，肠杆菌科细菌（除变形杆菌）亦不生长。

**3. 碳酸氢钠琼脂** 在普通营养琼脂中加入碳酸氢钠，使最终浓度为 0.5%～0.75%，121℃高压灭菌15min，冷却至50℃左右，加入1%无菌马血清，摇匀倾注平皿。

本培养基用于炭疽芽孢杆菌的培养及毒力试验。

**4. 戊烷脒多黏菌素琼脂培养基** 牛肉浸膏3g，蛋白胨20g，氯化钠5g，琼脂20g，蒸馏水1 000mL。以上各成分加热溶解，调整pH至7.4，于121℃灭菌15min。待冷却至约50℃时，加入已灭菌的戊烷脒水溶液（1:4）1mL、多黏菌素B水溶液（3 000IU/mL）1mL和脱纤维羊血20mL，混匀，倾注灭菌平皿。亦可用10%丙烷脒1mL代替戊烷脒，多黏菌素B水溶液改为浓度10 000IU/mL，则制成丙烷脒多黏菌素琼脂培养基。

本培养基能抑制大多数其他需氧芽孢杆菌，对炭疽杆菌有轻微的抑制作用。

[思考题]

1．培养物与动物组织中的炭疽杆菌在形态结构上有何差异？各常用什么染色方法？

2．描述炭疽杆菌的培养特征。明胶穿刺培养有何特征性表现？

3．炭疽杆菌的诊断要点是什么？

# 实验十八

# 梭状芽孢杆菌（*Clostridium*）

梭状芽孢杆菌，简称梭菌，是一类厌氧生长的、能形成芽孢的革兰氏阳性杆菌。根据其侵袭力可分为两组，第一组是几乎无侵袭力的并能在活的组织内繁殖，通过毒素的释放在局部病灶或体外发生作用的细菌，如肉毒梭菌（*Cl. botulinum*）和破伤风梭菌（*Cl. tetani*），第二组具有侵袭力（组织产毒作用），如气肿疽梭菌（*Cl. chauvoei*）、腐败梭菌（*Cl. septicum*）、产气荚膜梭菌（*Cl. perfringens*）、溶血梭菌（*Cl. haemolyticum*）等。梭菌性疾病的微生物学诊断的一般原则是：或证明致病梭菌的存在、或证明其毒素的存在、或证明二者的存在。一般进行的项目有涂片镜检、分离培养、动物感染、毒素检测等。但由于不同致病梭菌的生物学特性及致病机理不同，因而微生物学诊断方法也不尽相同，应各有侧重。

[目的要求]

（1）厌氧菌的培养方法及致病梭菌形态特征。

（2）了解梭菌毒素的检测方法。

[实验材料]

破伤风梭菌熟肉培养基培养物、产气荚膜梭菌鲜血平板培养物、连二亚硫酸钠（保险粉）、无水碳酸钠、焦性没食子酸、10% NaOH 溶液、石蜡、滴管（附滴头）、三角架、天平、熟肉培养基、鲜血琼脂平板、表面皿、4cm×4cm 滤纸、清洁玻片、芽孢简易染色液1套。

[实验内容]

1. 形态与染色

产气荚膜梭菌　做涂片，革兰氏染色，镜检观察细菌形态、大小、排列等。产气荚膜梭菌既能形成芽孢（在一般条件下芽孢形成少，因而较为难见），还能形成荚膜。

破伤风梭菌芽孢简易染色　苯酚品红液：碱性品红 11g，无水乙醇 100mL，研磨溶解；苯酚 5g，蒸馏水 100mL 溶解；与碱性品红溶液 100mL 充分混匀，过滤备用。

黑色素溶液：水溶性黑色素 10g，蒸馏水 100mL，煮沸 30min，过滤2次，滤液加蒸馏水至100mL，再加0.5mL甲醛防腐备用。

**试验细菌制备** 将破伤风梭菌接种熟肉汤培养基，置37℃培养70～90h，待已产生芽孢，如菌数少可吸出培养液离心。在小试管中加2mL无菌水和1～2铂耳破伤风梭菌，混匀；再加0.2mL苯酚品红液，充分混匀于沸水中加热3min；以上述混合液涂片，自然干燥，用95%乙醇滴在标本上，轻摇玻片脱色，倒去乙醇，再加乙醇脱色至无红色为止，并用蒸馏水轻轻冲洗；取1～2铂耳黑色素溶液涂于标本处，干后镜检。

破伤风梭菌的芽孢在顶端，大于菌体，菌体细长，单在、芽孢圆形，似球拍（也像火柴），经芽孢简易染色后可见芽孢染成红色，菌体透亮，背景比较暗。

**2．厌氧培养法**

**连二亚硫酸钠法** 称取连二亚硫酸钠和无水碳酸钠各1g，混匀后置表面皿中的滤纸上，加少许水使试剂反应产生$CO_2$，立即将已分区划线接种好的产气荚膜梭菌鲜血平板倒置于表面皿上，培养皿周围以熔化石蜡迅速严密封口，将表面皿放在皿盖上（图18-1），置37℃培养24～48h后观察菌落生长状况（也可放在厌氧培养罐内培养）。

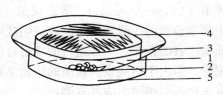

图18-1 厌氧培养法
1．表面皿 2．药品 3．平皿底
4．培养基接种物 5．平皿盖

**焦性没食子酸法** 称取焦性没食子酸0.5g，置表面皿中的滤纸上，加10%NaOH溶液0.5mL，立即将接种好的产气荚膜梭菌鲜血平板倒置表面皿上，同上法一样封口、培养、观察菌落生长状况。

**3．分离培养** 针对不同的致病梭菌，可采取病变部位的水肿液、渗出液、病变组织、肌肉、死亡动物血液、脏器、肠内容物、粪便，以及在食物中毒时采取可疑食物、饲料等。如材料污染严重而难以分得纯培养时，可经80℃加热20min，以杀灭不耐热的细菌，然后再作分离培养，并在培养基中添加0.2%的可溶性淀粉，以消除酸败产生的长链脂肪酸的抑菌作用，培养温度以25℃为宜。取被检材料在含1%葡萄糖的鲜血琼脂平板上划线分离，以焦性没食子酸法或其他厌氧培养方法培养，同时接种一管熟肉基或肝片汤培养，均置37℃培养1～2d。取出后观察并记录培养特性。在熟肉基中，应观察其混浊度、有无气体产生、肉渣的色泽、肉渣是否被消化，并做涂片革兰氏染色镜检，观察是否为同一种类的细菌。对鲜血琼脂平板上的菌落，应注意其形态、大小、整齐度、隆起度、表面及边缘的构造、溶血情况等。然后挑取可疑菌落移植入熟肉基中进行纯培养。

**4．生化试验** 取上述进行纯培养的熟肉基培养物，涂片染色镜检，证明为纯培养后，接种于糖发酵（麦芽糖、乳糖、葡萄糖、杨苷）、石蕊牛乳、硝酸盐还原等生化培养基中，37℃培养1～2d观察并记录结果。

**5. 动物感染试验** 取上述熟肉基纯培养物或取病料制成悬液做肌肉注射，一般为小鼠 0.05mL 或豚鼠 0.1mL。动物死亡后，观察病变，分离培养，并做局部水肿处的涂片和肝切面触片，瑞氏法染色检查。

实验中可利用各种已知梭菌的动物组织抹片、纯培养物抹片以及平板和熟肉基培养物等标本进行观察对照。

**6. 产气荚膜梭菌毒素检测**

（1）肠内容物毒素检测

**毒素检出试验** 取被检动物回肠内容物，视其浓度，用灭菌生理盐水做 1～3 倍稀释（若内容物很稀，则不必稀释），经离心沉淀（3 000r/min，15min）后，取上清液通过除菌滤器过滤。取滤液分成两份，一份不加热，一份加热（60℃ 30min），分别静脉注射小鼠 0.1～0.3mL 或家兔 1～3mL，注射后至少观察 24h。如有毒素存在，不加热组动物常于 4～6h 内死亡。如肠毒素含量高，动物可于 10min 内死亡，如肠毒素含量低，动物也可能于注射后一定时间内呈轻度昏迷，呼吸快速，经 1h 左右可能恢复。而加热组动物则不发病、不死亡。

**中和试验** 如已证明被检动物肠内容物中有毒素存在，则须进一步做毒素中和试验，以确定引起动物死亡的原因是否为产气荚膜梭菌毒素以及产生此毒素的细菌型别。具体操作方法如下。

取前述滤液分为 6 份，每份 0.1～0.3mL（约含 2～5 个小鼠最小致死量的被检毒素液），分别加入 0.1mL 各型产气荚膜梭菌定型血清和生理盐水（对照），混合均匀后，置 37℃作用 40min，然后各静脉注射小鼠 1 组（2 只），观察 24h，记录各组死亡及存活情况，并按表 18-1 判定菌型。

**表 18-1 产气荚膜梭菌定型小鼠血清中和试验**

| 组别 | 混合后 37℃作用 40min | | 结 果 | | | | |
|---|---|---|---|---|---|---|---|
| 1 | 肠内容物滤液 + | 生理盐水 | - | - | - | - | - |
| 2 | 肠内容物滤液 + | A 型血清 | + | - | - | - | - |
| 3 | 肠内容物滤液 + | B 型血清 | + | + | - | + | - |
| 4 | 肠内容物滤液 + | C 型血清 | + | - | - | - | - |
| 5 | 肠内容物滤液 + | D 型血清 | - | - | - | + | - |
| 6 | 肠内容物滤液 + | E 型血清 | + | - | - | - | + |
| 被测定菌型 | | | A | B | C | D | E |

注：+小鼠存活，-小鼠死亡；若 1～6 组小鼠均死亡说明不是产气荚膜梭菌或血清失效。

（2）培养物毒素检测 将被检菌株接种于熟肉基内，在 37℃培养 18～24h，将培养物离心（3 000r/min，1h），取上清液进行下列毒素试验。

**溶血试验** 取 0.5% 的绵羊红细胞悬液 0.5mL 放入小试管内，加入上述上清液 0.5mL，置 37℃水浴中，分别于 0.5、1、2 和 24h 观察溶血情况。

**坏死试验** 取上清液 0.2mL 于家兔腹部皮下注射，观察注射部位有无坏死现象，共观察 3d。

**致死试验** 取上清液 0.2mL 于小鼠尾静脉注射，或取 0.5mL 于腹腔注射，观察死亡及存活情况，共观察 3d。

**毒素中和试验** 取上清液分为 2 份，1 份不经胰酶处理，另 1 份加入 1%胰酶粉，充分溶解后，于 37℃处理 1h，以致活 ε 和 ι 毒素原，并破坏 β 毒素。2 份上清液同时均按肠内容物毒素中和试验的方法进行中和试验，并按表 18-1 确定细菌菌型。

### 7. 肉毒梭菌毒素检测

**被检材料的采取与处理** 被检材料可以采取可疑中毒的饲料、食品、患畜的呕吐物、胃液与血清等。如为液体材料，可直接离心；而固体或半流动材料须加等量到 10 倍量的稀释液（pH6.2～6.8 明胶磷酸盐缓冲液或生理盐水）制成乳剂，于室温下浸泡数小时或过夜后再进行离心。取上清液分为 2 份，其中一份调 pH 至 6.2，并按终浓度为 10%的量加入 10%胰酶（活力 1:250）水溶液，混匀，经常轻轻搅动，37℃作用 60min，然后进行检测。

**毒素检出试验** 取上述离心上清液及其胰酶激活处理液，分别腹腔注射小鼠 2 只，每只 0.5mL，观察 4d。若有毒素存在，小鼠一般多在注射后 4h 内出现肉毒素中毒症状，于 6～24h 死亡。主要症状为竖毛、失声、四肢瘫软、呼吸困难、呼吸呈风箱式、腰部凹陷宛若蜂腰，最终死于呼吸麻痹。一般超过 96h 者不再可能发病。

**毒素中和试验** 取凡能致小鼠发病、死亡的上清液或胰酶处理液，分为 3 份，按表 18-2 进行混合和处理，分别腹腔注射小鼠各 2 只，每只 0.5mL，观察 4d，判定结果。

表 18-2 肉毒毒素中和试验操作方法

| 组 别 | 混合（上清液或其胰酶处理液） | | 处理 | 腹腔注射（mL） |
|---|---|---|---|---|
| 毒素中和组 | + | 多型混合抗毒素血清 | 37℃ 30min | 0.5 |
| 毒素对照组 | + | 明胶磷酸盐缓冲液 | 37℃ 30min | 0.5 |
| 毒素灭活对照组 | + | 明胶磷酸盐缓冲液 | 煮沸 10min | 0.5 |

若毒素对照组小鼠以特有的肉毒中毒症状死亡，而毒素中和组和毒素灭活对照组小鼠健活，即证明被检材料中含有肉毒素。根据需要，可进一步进行毒力测定及定型试验，方法如下。

**毒力测定** 取已判定含有肉毒毒素的检样离心上清液，用明胶磷酸盐缓冲液做成 5、50、500 及 5 000 倍的稀释液，分别腹腔注射小鼠各 2 只，每只 0.5mL，观察 4d。根据动物死亡情况，计算检样所含肉毒毒素的大体毒力（MLD/mL 或 MLD/g）。例如 5、50、及 500 倍稀释液致动物全部死亡，而注射 5 000 倍稀释液的动物全部存活，则可大体判定检样上清液所含毒素的毒力为 1 000～10 000MLD/mL。

**定型试验** 按毒力测定结果，用明胶磷酸盐缓冲液将检样上清液稀释至所含毒素的毒力大体在 10～1 000MLD/mL 的范围，分别与各单型抗肉毒素血清等量混匀，37℃作用 30min，各腹腔注射小鼠 2 只，每只 0.5mL，观察 4d。同时以明胶磷酸盐缓冲液代替抗毒素血清，与毒素稀释液先进行混合作为对照。能保护动物免于发病、死亡的抗毒素血清即为检样所含肉毒毒素的型别。

**增菌产毒培养试验** 取疱肉培养基 3 支，煮沸 10～15min。第 1 支急速冷却，接种检样均质液 1～2mL；第 2 支冷却到 60℃，接种检样，继续于 60℃保温 10min，急速冷却；第 3 支接种检样，继续煮沸加热 10min，急速冷却。以上接种物于 30℃培养 5d，若无生长，可再培养 10d。培养到期，若有生长，取培养液离心，以其上清液进行毒素检测试验，方法同上，阳性结果证明检样中有肉毒梭菌存在。

## 附一：梭状芽孢杆菌的微生物学诊断程序

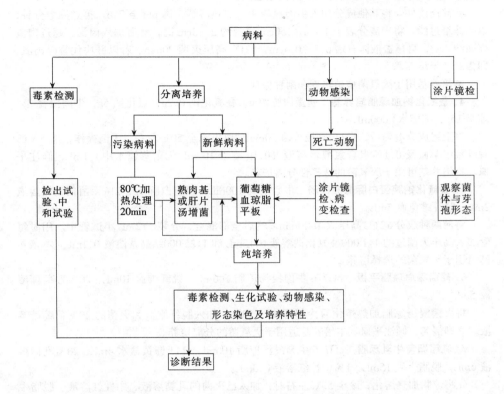

## 附二：供梭状芽孢杆菌分离用培养基

1. **含铁牛奶培养基**　新鲜全脂牛奶1 000mL，硫酸亚铁 1g，蒸馏水 50mL。

将硫酸亚铁溶于 50mL 蒸馏水中，在搅拌下徐徐加入牛奶中，混匀，分装试管，每管 10mL（可在培养基上覆盖液体石蜡 0.3～0.4mL），121℃ 高压灭菌 15min。培养基必须新鲜配制。

此培养基可用于产气荚膜梭菌的"暴裂发酵"试验。

2. **液体硫乙醇酸盐（FT）培养基**　胰蛋白胨 15g，酵母浸膏 5g，葡萄糖 5g，氯化钠 2.5g，硫乙醇酸钠 0.5g，L-胱氨酸 0.5g，刃天青（Resazurin）0.001g，琼脂 0.75g，蒸馏水 1 000mL。

将前 6 种成分加热溶解于蒸馏水中，调 pH 至 7.1，加入刃天青及琼脂煮沸至完全溶解，分装试管，每管 10mL，121℃ 高压灭菌 15min。临用前隔水煮沸 10min，以驱除培养基中溶解的氧气，迅速冷却。

本培养基用于厌氧菌和微需氧菌的增殖培养，亦可用于无菌试验。

3. **庖肉培养基**（熟肉基） 牛肉浸液1 000mL，蛋白胨 30g，酵母浸膏 5g，磷酸二氢钠 5g，葡萄糖 3g，可溶性淀粉 2g，碎肉渣适量。

除碎肉渣外，将其他成分加入牛肉浸液中，加热溶解，调 pH 至 7.6，再煮沸数分钟，以粗滤纸过滤。将肉渣分装于 15cm×150cm 试管约 2~3cm 高，然后加入肉汤，超过肉渣表面约 4cm，再覆盖液体石蜡 0.3~0.4cm，121℃高压灭菌 20min。若以肝块代替碎肉渣，即为肝片汤培养基。

本培养基用于厌氧菌增殖培养和菌种保存。

4. **叠氮化钠血琼脂培养基** 胰蛋白胨 10g，叠氮化钠 0.2g，氯化钠 5g，牛肉浸膏 3g，琼脂 15g，蒸馏水 1 000mL。

将上述成分混匀后，121℃高压灭菌 30min，取出晾至 50℃左右，无菌操作，加 5%的脱纤维绵羊血及 0.1%水合氯醛水溶液（0.1g 溶于 100mL 无菌蒸馏水中）1mL，倾注平皿。本培养基可用于厌氧菌的选择性分离培养。

5. **叠氮化钠胰蛋白胨血液肉汤** 牛心浸汤 100mL，胰蛋白胨 1g，2%无菌葡萄糖溶液 2mL，脱纤维兔血 5mL。

将前两种成分 121℃高压灭菌 20min，然后全部混合，分装于 2mL 小试管中。用时每管加入高压灭菌过的 1:1 000 叠氮化钠溶液 0.15mL 和 1:25 000 结晶紫溶液 0.1mL。本培养基可用于厌氧菌的选择培养。

6. **葡萄糖血琼脂平板** pH7.6 牛肉浸汤琼脂 100mL，脱纤维血 10mL，20%葡萄糖溶液 5mL。

将灭菌浸汤琼脂加热熔化后冷却至 45~50℃，加入脱纤维血和灭菌的 20%葡萄糖溶液，立即混匀，倾注平皿。本培养基适用于厌氧菌的分离培养。

7. **乳糖卵黄牛乳琼脂** pH7.6 牛肉浸汤琼脂 100mL，1:1 卵黄盐水 4mL，20%乳糖溶液 6mL，脱脂牛乳 15mL，1%中性红溶液 0.3mL。

先将琼脂加热熔化，冷至 50℃左右时，加入已灭菌的乳糖溶液、中性红溶液、脱脂牛乳和以无菌操作配制的卵黄盐水，混匀后倾注平皿。

本培养基用于产气荚膜梭菌和肉毒梭菌的分离培养和鉴定。

8. **卵黄琼脂** 肉浸液 1 000mL，蛋白胨 15g，氯化钠 5g，琼脂 20g，50%葡萄糖水溶液 20mL，50%卵黄盐水悬液 100~150mL。

将前 4 种成分混合加热使之完全溶解，调 pH 至 7.5，121℃高压灭菌 15min。待冷至 50℃左右，加入已灭菌的葡萄糖水溶液和无菌操作制备的卵黄盐水悬液，混匀，倾注平皿。

本培养基用于产气荚膜梭菌鉴定和肉毒梭菌分离培养。

9. **增强的梭菌培养基** 酵母浸膏 3g，牛肉浸膏 10g，蛋白胨 10g，可溶性淀粉 1g，葡萄糖 5g，盐酸半胱氨酸 0.5g，氯化钠 5g，醋酸钠 3g，琼脂 0.5g，蒸馏水 1 000mL。

将以上各成分加热熔化，调 pH 至 6.8，分装，于 121℃灭菌 15min。若将琼脂量增加为 15g，可制成增强的梭菌琼脂培养基。

本培养基用于食品中梭状芽孢杆菌的活菌计数和增菌培养。

注意：

1. 供厌氧菌用的培养基应新鲜制备或保存于厌氧环境中备用，保存日久的熟肉基或肝片汤应用前须置沸水中加热 10min,以除去残留氧,迅速冷却后使用。

2. 为防止某些梭菌在固体培养基蔓延生长造成分离菌落融合混杂,可采取将培养基的琼脂浓度提高到 4%~6%,或在培养基加入 0.1%~0.5%的巴比妥钠等方法,以限制细菌扩散生长。

3. 不发酵糖的梭菌如破伤风梭菌,必须用氨基酸(谷氨酸、天冬氨酸、羧基丙氨酸)作为能量的来源。

[思考题]
1. 产气荚膜梭菌的形态和培养特性有何特点?
2. 厌氧培养时应注意什么?

# 实验十九

# 猪丹毒杆菌（E. rhuriopathiae）及李氏杆菌（Listeria）

猪丹毒杆菌是猪丹毒病的病原菌，表现为败血症、皮肤血疹、关节炎或心内膜炎，也可感染人及其他动物，人感染发病称"类丹毒"。本菌在自然界分布广泛，在猪、羊、鸟类和鱼类的体表及黏膜上常有此菌寄生。认识该菌具有重要的兽医诊断和公共卫生意义。

[目的要求]
  (1) 熟悉猪丹毒杆菌的形态与培养特性。
  (2) 掌握猪丹毒杆菌的微生物学诊断方法。

[实验材料]
  患猪丹毒的猪病料或注射猪丹毒死亡之小鼠。猪丹毒血平板纯培养物，鲜血琼脂平板，明胶培养基，清洁玻片，三糖铁琼脂斜面，杨苷发酵管，3%$H_2O_2$，剪、镊、蜡盘等。

[实验内容]
  **1. 标本采取** 急性败血型病猪可采取肝、脾、肾、心血和淋巴结；慢性型和亚急性疹块型病猪可采取皮肤疹块、肿胀关节和心内膜上的疣状赘生物。

  **2. 涂片镜检** 猪丹毒鲜血平板培养物制成涂片，革兰氏染色后镜检；取发病猪脏器材料或实验致死小鼠的肝脏作成触片，或心血涂片，姬姆萨染色后镜检。观察细菌形态及染色特征。典型的猪丹毒杆菌为革兰氏阳性、纤细的小杆菌或不分枝的长丝状，单个或成对排列，在白细胞内成簇排列。慢性猪丹毒心内膜赘生物涂片，可见有弯曲的长丝状菌体。

  **3. 分离培养及纯培养** 新鲜标本可直接接种到鲜血琼脂或血清琼脂平板上，37℃培养1~2d。在血液琼脂平板上形成针尖大、露珠样、光滑型小菌落，呈圆形、灰白色，菌落周围有狭窄的绿色溶血环。从慢性病猪体内分离到的细菌菌落为粗糙型。在葡萄糖肉汤中呈轻度混浊，管底有颗粒状沉淀，振荡时呈云雾状上升，挑取上述琼脂平板上长出的单个菌落，接种于血液或血清琼脂斜面上，制成纯培养物。

  **4. 明胶穿刺培养** 取上述细菌的纯培养，穿刺于明胶高层培养基，经

22℃ 24h 培养，猪丹毒杆菌可沿穿刺线向侧方生长，呈"试管刷状"。

5. **生化试验** 纯培养物接种于葡萄糖、果糖、半乳糖和乳糖发酵管，培养后产酸不产气。不发酵木糖、甘露糖和蔗糖。$H_2S$ 试验阳性。靛基质、MR、VP 和接触酶试验均呈阴性。

6. **动物试验** 当标本含菌量极少，或已被污染，直接进行细菌的分离培养较为困难，可进行动物试验。另外，为确诊，亦可用含葡萄糖的肉汤液体培养物接种试验动物。将 1∶10 病料乳剂或液体培养物 0.2mL 接种于小鼠皮下，1mL 肌肉注射鸽。经 3~5d 后，在死亡动物的心脏和心血涂片中，可见到大量猪丹毒杆菌。

7. **李氏杆菌的分离培养和鉴定**

(1) **分离培养** 取现成病料或剖解接种李氏杆菌死亡的小鼠脑组织病灶、脊髓液、血液作分离培养。初次分离需要延长标本储存期，将标本放胰胨肉汤中 4℃ 保存，这不仅能比较有把握地分离到细菌，还可增加分离的阳性率。分离该菌可用绵羊血琼脂平板，培养后可见菌落周围狭窄的 β 溶血环；也可用清亮的胰胨营养琼脂平板，培养后可看到特征性的蓝绿色菌落（45°折光观察）。开始培养宜置 35℃、10% $CO_2$ 下，培养时间至少 4 周，传代培养物常在第 2、4、7、12d 在平板上看到菌落。

(2) **生化试验** 接触酶试验（＋），葡萄糖、果糖和杨苷产酸，甘露醇或卫茅醇不产酸。

(3) **血清学试验** 琼脂平板培养物用 2mL pH 7.2 的 PBS 洗下水浴煮沸 1h，再取 1 滴菌体悬液与 1 滴 1∶20 稀释的阳性血清在玻片上作凝集试验，同时设阴性对照。

(4) **动物接种试验**

**培养物的鉴定** 取 1 滴 24h 肉汤培养物注入幼兔或豚鼠的一侧眼结膜囊内，另一侧作为对照，观察 5d，在接入后 24~36h 发生明显的化脓性结膜炎者为李氏杆菌。

**对小鼠的致病性** 取 0.2mL 24h 胰胨肉汤培养物腹腔注射于小鼠，5d 内致死小鼠、肝脏产生坏死病灶者为李氏杆菌，从肝、脾可再次获得纯培养菌。

[思考题]

1. 描述猪丹毒杆菌的主要生物学特性和特点。
2. 明胶穿刺在猪丹毒杆菌诊断上有何意义？
3. 试述猪丹毒杆菌与李氏杆菌的微生物学鉴别诊断要点。

# 实验二十

# 结核杆菌（*M. tuberculosis*）和副结核菌（*M. paraenberculosis*）

结核杆菌又称结核分枝杆菌，是引起人、畜、禽结核病的病原体。从目前的分类学而言，引起人结核的为结核分枝杆菌，引起牛结核的为牛分枝杆菌，引起禽结核的为禽分枝杆菌。副结核杆菌是感染牛、羊等反刍动物的病原体。由这两种菌引起的人、畜、禽疾病都是一种慢性消耗性疾病，了解其微生物学诊断方法有利于人类健康和畜禽生产。

[目的要求]

（1）熟练掌握抗酸染色法。

（2）了解结核杆菌和副结核杆菌病料的处理方法，熟悉其分离培养和鉴定过程。

[实验材料]

结核分枝杆菌斜面培养物，干酪样、脓样病料，副结核病病料，抗酸染色液，结核杆菌和副结核杆菌专用培养基。

[实验内容]

## 一、结核杆菌

1. **直接厚涂片法** 挑取结核杆菌培养物或用竹签挑取干酪样、脓样标本0.05～0.1g，放在玻片中央，涂成20mm×25mm椭圆形，一片只涂一个标本。微火固定后，用萋-尼氏法做抗酸染色。结核杆菌被染成红色，菌体细长，直或微弯。牛型菌比人型菌粗而短，禽型菌呈多形性。菌体呈单个散在排列，少数成对、成丛。非分枝杆菌被染成蓝色。

2. **分离培养及菌型鉴定**

病料处理 有酸、碱两种方法。处理病料时时间不宜过长，以防结核杆菌死亡，达不到分离的目的。

酸处理法：取痰液或其他标本（剪碎后研磨）加2～4倍量4%硫酸溶液，室温处理20min，其间振荡2～3次，促其液化。此法适用改良罗氏培养基和丙酮酸培养基。

碱处理法：病料中加入2～4倍量的2% NaOH溶液，37℃处理30min。用碱处理的病料可接种于酸性改良罗氏培养基和小川培养基。

**接种** 取经上述方法之一处理的病料，3 000r/min 离心 30min，将少许沉淀物均匀地涂布于培养基斜面上，每份标本至少接种 2 管，接种后将试管斜放 1d 后，竖立于试管架上。

**结果判定** 接种后置37℃培养，每周观察一次，阳性者随时报告，阴性者在 8 个月后报告。阳性者报告抗酸菌培养阳性或以菌落数报告。菌落数占据培养基面 1/4 以下者为（+），菌落数占据培养基面 1/4 以上、1/2 以下者为（++），菌落数占据培养基面 1/2 以上、3/4 以下者为（+++），菌落数占据全斜面者为（++++）。阴性者报告抗酸菌培养阴性。

**菌型鉴定** 分离出抗酸菌后，为了确定是哪一个型的分枝杆菌，需进一步进行菌型鉴定。

**鉴别培养基鉴定** 将阳性菌株制成悬液，按湿菌 10μg 重分别接种于改良罗氏培养基（L-J）、对氨基苯甲酸培养基（PNB）和噻吩二羧酸酰肼培养基（$T_2H$），37℃培养并观察结果。不同型结核杆菌在 3 种培养基上的生长情况见表 20-1。

表 20-1 不同型结核杆菌在 3 种培养基上的生长情况

| 菌 名 | L-J | PNB | $T_2H$ |
| --- | --- | --- | --- |
| 结核分枝杆菌 | + | − | + |
| 牛分枝杆菌 | + | − | − |
| 其他分枝杆菌 | + | + | + |

**3．动物试验** 将病料研磨并制成 1:5 乳剂，取 0.5～1.0mL 注射于试验动物。人和牛病料接种于豚鼠腹股沟皮下，注射后每天观察一次，豚鼠在 1 周内死亡的不是结核病。豚鼠应在 1～2 周内出现食欲下降、体重减轻，腹股沟淋巴结肿大，随后出现软化、破溃、流脓，经久不愈。此时可采脓汁制成涂片，进行抗酸染色，如有抗酸菌，则可诊断为阳性。豚鼠通常于1～2月死亡。禽病料可接种鸡翼部皮下，同上法进行观察、制片、镜检。

## 二、副结核杆菌

**1．染色镜检** 对有可疑症状的病牛应采取直肠刮取物或粪便黏液进行镜检。因副结核菌的排出量少，呈周期性，所以应经不同间隔，反复进行几次粪检。粪便事先应经集菌处理，再涂片，并用姜-尼氏抗酸法染色后镜检。

集菌的方法有沉淀法和浮集法两种。

**沉淀法** 取粪样 15～20g，加 3 倍量的 0.5% NaOH 混匀，在 55℃ 水浴中乳化 30min，用 4 层纱布滤过。取滤液，经1 000r/min 离心 5min 去沉淀，离心（3 000r/min）30min，沉淀物用于涂片。

**浮集法** 取沉淀法的第一次离心上清液，以无菌纱布过滤，滤液加入蒸馏水 100mL 和汽油（或二甲苯）3mL，充分振荡 5min，倒入细口的三角烧瓶内，补加蒸馏水至瓶口，30℃放置 20～30min，用毛细管吸取油水交界的白环处乳剂，滴 3～4 滴于载片上。为提高检出率，待干燥后反复滴加 2～3 次，再制成涂片。

如镜检时发现有成丛排列的抗酸菌，即可判为阳性。在两张玻片中仅检出少量的抗酸菌，为（+）；每 10 个视野可检出抗酸菌，记为（++）；每 3~5 个视野可检出抗酸菌，记为（+++）；几乎每个视野都可检出抗酸菌，记为（++++）；在两张玻片中查不到抗酸菌，记为（-）。未发现典型抗酸菌时，每张标本至少要查 200 个视野。阳性结果有肯定意义，阴性结果尚不能立即否定。

2．**分离培养** 为提高细菌的分离率，对不同病料应采取不同的处理方法。

**粪便** 取粪便 1~2g，加入生理盐水 40mL，充分混匀，用 4 层纱布过滤，在滤液中加等体积的含 10%草酸和 0.02%孔雀绿水溶液，混匀，37℃水浴 30min，3 500~5 000r/min 离心 30min 后，弃上清液，将沉淀物接种到马铃薯汤培养基或 Dubos 培养基上。

**病肠段** 将肠段剪开，用自来水冲洗肠内容物，然后刮取肠黏膜 10~30g，放入无菌的带有铜网的乳钵中研磨，边研磨边加 0.5%胰蛋白酶水溶液 40mL，制成悬液，再用 1mol/L NaOH 调 pH 至 9.0，放入烧杯中，置磁力搅拌器上室温搅拌 1h，以 500r/min 离心 30min，弃上清液，将沉淀重新悬浮于 20mL 灭菌盐水中，加入等量的 10%草酸和 0.02%孔雀绿水溶液，充分搅匀，37℃水浴 30min，并不时振摇，再 5 000r/min 离心 30min，弃上清液，取沉淀接种于培养基斜面上。

**肠淋巴结** 取 10~20g 淋巴结，去除外膜和脂肪后，剪碎，放入灭菌的带铜网的乳钵中研磨，其他操作同肠段。每份病料接种 3~5 管培养基，每 2d 将露在试管外的棉塞剪去，用蜡封口，37℃培养。一般在 1~2 月可出现针尖大小、灰白色、隆起、不透明、边缘不整齐的小菌落，抗酸染色呈阳性。未长菌者继续培养 6 个月，若仍不长菌，方可弃去。

将分离出的细菌培养物分别接种 1 管加有草分枝杆菌素和 1 管不加草分枝杆菌素的改良 Dubos 培养基，37℃培养 20~30d，若是副结核分枝杆菌，则在加有草分枝杆菌素的培养基上生长，而在后一种培养基上不生长。

若需获得大量的副结核杆菌，需将细菌转移到 W-R 马铃薯培养基上培养 1~2 个月。

## 附：结核分枝杆菌与副结核分枝杆菌的常用培养基

1．**改良罗氏培养基**（L-J）　味精（纯度 95%以上）7.2g(或天门冬素 2.6g)，$KH_2PO_4$ 2.4g，$MgSO_4 \cdot 7H_2O$ 0.24g，枸橼酸镁 0.6g，甘油 12mL，蒸馏水 500mL，马铃薯淀粉 30g，全卵液 1 000mL，2%孔雀绿 20mL。先将各种盐类等溶解后，加入马铃薯淀粉，混匀后，放入沸水锅内煮 30min 呈糊状，中间不断搅拌，以防出现淀粉凝块。冷却后，加入经纱布过滤的全卵液 1 000mL 和孔雀绿液 20mL，混匀，待 20min 后，分装试管，每管约 6~8mL。分装后放入血清凝固器内，摆成斜面，斜面大小以培养基位于试管底部的 2/3 处为宜。在 85~90℃下凝固 1~1.5h，冷后存于冰箱内备用，保存期以 1 个月为宜。

2．**3%小川培养基**　$KH_2PO_4$ 3g，谷氨酸钠 1g，甘油 6mL，蒸馏水 100mL，全卵液 200mL，2%孔雀绿 6mL。制法同改良罗氏培养基。

3．**对氨基苯甲酸培养基**（PNB）　将对氨基苯甲酸（PNB）加入小川培养基中，使终浓度为 0.5mg/mL，即得 PNB 培养基。

4．**噻吩二羧酸酰肼培养基**（$T_2H$）　取噻吩二羧酸酰肼（$T_2H$）50mg，加入蒸馏水

100mL 中，使成为 500μg/mL，取其 1mL 加入小川培养基中，混匀分装，凝固灭菌，最终浓度为5μg/mL。

**5. 改良 Dubos 培养基** 胰蛋白胨 25g，天门冬素 0.3g，无水 $Na_2PO_4$ 2.5g，$KH_2PO_4$ 1g，枸橼酸铁铵 0.05g，$MgSO_4·7H_2O$ 0.6g，甘油 25mL，吐温 80 50mL，琼脂 15g。将上述成分逐一加入蒸馏水中，微加热使其溶解。补足蒸馏水至 800mL，115℃ 灭菌 15min。pH7.2，此为基础培养基，保存备用。使用时将基础培养基熔化，冷至 56℃，加入草分枝杆菌素 20mL，青霉素 10 万 IU，氯霉素 0.05g，放线菌酮 0.1g，无菌牛血清 200mL，充分摇匀，分装试管，摆成斜面，使其凝固。

**6. W-R 马铃薯培养基** $L$-天冬素 5.0g，$KH_2PO_4$ 2.0g，$MgSO_4$ 1.0g，枸橼酸铵 2.0g，NaCl 2.0g，枸橼酸铁铵 0.075g，葡萄糖 10.0g，甘油 48mL，矿物添加剂 A 和 B 各 1.33mL，蒸馏水 950mL（矿物添加剂 A：$ZnSO_4$ 2.0g，$CuSO_4$ 0.2g，$CoNO_3$ 0.1g，蒸馏水 100mL。矿物添加剂 B：5% $CaCl_2$ 溶液）。取蒸馏水 950mL，分成两瓶，一瓶加入 $L$-天冬素，加热溶解。另一瓶按上述顺序溶解各种成分，然后转入天冬素液中混合溶解，加甘油和矿物添加剂 A、B 液，将 pH 调至 7.0~7.2。马铃薯去皮切成小块，清水漂洗 24h，再将马铃薯捞起浸入上述培养液中，75℃ 水浴 2h，取出置于特制试管中，并加新鲜培养液，121℃ 灭菌 10min 备用。

**7. 马铃薯汤培养基** 红皮马铃薯去皮、切成小方块，按 1:50 加蒸馏水，煮沸 30min，补足水分、过滤，置冰箱保存。取天门冬素 1g，$KH_2PO_4$（AP）1g，$MgSO_4·7H_2O$ 0.05g，枸橼酸铵 0.12g，甘油 6mL，吐温 80 1.5mL，草分枝杆菌素 0.1g 放入 10mL 无水酒精中加温溶解，加入 100mL 马铃薯汤中，水浴加温溶解，冷却 56℃ 时，加卵黄 200mL、2% 孔雀绿 4mL，充分搅匀，纱布过滤，分装试管，置 80~85℃ 灭菌 1h，隔 1d 再灭菌一次，置 4℃ 保存备用。

**[思考题]**

结核杆菌与副结核杆菌的形态各有什么特征？

# 实验二十一

# 螺旋体（*Spirochaeta*）

钩端螺旋体（*Leptospira*）又称细螺旋体，是其一端或两端可弯转呈钩状，菌体纤细，能沿着轴丝迅速旋转和曲屈运动。此菌为人畜钩端螺旋体病的病原，几乎遍布全世界。所致疾病的临床症状主要为发热、贫血、出血、黄疸、血红素尿以及黏膜和皮肤坏死。显微凝集试验是最广泛使用的诊断方法，将急性期和恢复期的双份血清分别与诊断抗原作用，显微镜下观察是否发生凝集。双份血清样品的凝集滴度达 4 倍或更高，则可诊断螺旋体病。

猪痢蛇形螺旋体（*Serpulina hyodysenteraie*）主要引起断奶仔猪发生黏液出血性下痢为特征。病料采取病猪急性期带血脓的新鲜粪便和结肠黏膜的刮取物及其肠内容物。

[目的要求]
(1) 了解钩端螺旋体病的实验室诊断方法。
(2) 观察钩端螺旋体的菌体形态特征。
(3) 了解蛇形螺旋体病的实验室诊断方法。
(4) 观察蛇形螺旋体的培养特性及菌体形态特征。

[实验材料]

钩端螺旋体培养物，钩端螺旋体阳性血清，疑似钩端螺旋体病死亡动物的血液、尿、肾脏、肾上腺、肝脏等，分离培养用培养基，实验动物、幼龄豚鼠，显微凝集试验所用微量滴定板，稀释液、标准抗原、阳性和阴性血清。

疑似猪痢蛇形螺旋体病猪的血脓样新鲜粪便，结肠黏膜的刮取物，分离培养用培养基，实验动物：小鼠、豚鼠或家兔、断奶小猪，猪痢蛇形螺旋体凝集抗原、结晶紫平板凝集抗原，玻片、96 孔 U 形微量反应板、微量加样器等。

[实验内容及操作程序]

## 一、钩端螺旋体

**1. 显微镜检查** 可用压滴片标本进行暗视野显微检查，或用涂片标本染色镜检，观察菌体的形态特征。

材料制备　病的早期以采取病畜的血液为宜（血液应自高热期动物静脉采血）。作显微镜检查和分离培养时，则应加抗凝剂，每毫升血液加 2mL 1.5% 柠檬酸钠溶液，先以 100r/min 离心 10min 吸取上层血浆，再以 3 000r/min 离心 30min 取沉淀物镜检和培养。如作血清学检查，则不用加抗凝剂。病的后期肾脏中的病原体大量增加，宜采取尿液，按上法离心沉淀后，取沉淀物检查。死后采取肝、肾、肾上腺等实质脏器，加灭菌生理盐水磨碎，制成 1:4 乳剂，静置 1h，取上清液制片镜检。

**暗视野显微镜检查**　以上材料制成压滴标本片，用暗视野显微镜检查。螺旋体在暗视野显微镜下，因螺旋不易看清，常似一串发亮的细小珍珠，运动活泼，当绕长轴旋转或摆动时，菌端可弯绕成8字、丁字或网球拍等形状。由于屈曲运动，整个菌体可弯曲成C、S、O等字样，此种弯曲形状又可随时消失。

**标本染色镜检**　将被检样品制成涂片，染色镜检，革兰氏染色不易着色，用姬姆萨染色或方氏（Fontana）镀银法和钩端螺旋体媒染法较好。

**姬姆萨染色**　钩端螺旋体可被染成淡红色，但着色性较差，染色时间须较长。

**方氏（Fontana）镀银法\***　抹片经火焰固定后，滴上媒染剂（5%鞣酸的1%石炭酸水溶液），染色30s；水洗30s后，放吸水纸一小片于涂片部位，加足量染色液（5%硝酸银水溶液）于纸片上，置火焰上加热使略出现蒸气并维持20~30s；水洗干燥后镜检，螺旋体显黑色，背景为紫色。

**钩端螺旋体媒染法**　此法对钩端螺旋体染色后，菌体清晰，形态不发生改变而表现典型，故有极大实用价值。抹片经火焰固定后，以生理盐水漂洗；加媒染剂（将鞣酸1g、钾明矾1g及中国蓝0.25g，加于20%乙醇200mL中，充分溶解后过滤即成）于涂片上5min；水洗后以染色液（取石炭酸复红及碱性美蓝染色液等量混合，过滤即成）染2min；水洗，自然干燥后镜检，钩端螺旋体呈淡红色，背景淡蓝色。

2.**分离培养**　钩端螺旋体能够在人工培养基上生长，但须用液体或半固体培养基。

**培养基**　须用特殊的适合培养基，最常用的培养基有

柯氏（Korthof）培养基：蛋白胨0.8g，NaCl 1.4g，KCl 0.04g（或1%溶液4mL），$NaHCO_3$ 0.02g（或1%溶液2mL），$Na_2HPO_4 \cdot 2H_2O$ 0.96g，0.18% $KH_2PO_4$ 4mL，1% $CaCl_2$ 4mL，加蒸馏水至1 000mL。将以上各成分充分溶解于1 000mL蒸馏水中，100℃加热30min，冷后调pH至7.2，若不完全透明或有沉淀，可用$G_3$漏斗过滤。然后定量分装试管，每管5mL或10mL，以115℃ 30min高压灭菌。取出冷却后，以无菌操作，按10%比例加入无菌新鲜兔血清，再置56℃水浴中灭活2h，经培养证明无菌污染即可使用。

捷氏（Терск ии）培养基：1/15mol/L $Na_2HPO_4$ 8mL，1/15mol/L $KH_2PO_4$ 90mL。将以上试剂混合，即得pH 7.3的捷氏基础液，如上定量分装，经高压灭菌，加入无菌灭活兔血清培养，证明无菌后即可使用。

**接种培养**　接种材料亦为血、尿及组织乳剂。接种量要大，每种材料至少接种3管，以增加获得阳性结果的机会。血液可采静脉血直接接种，每管接种3滴。尿液最好先调至中性并经0.45~0.6μm孔径微孔滤膜滤过后每管接种10滴。为防止其他菌污染，可于每100mL培养基中加入5-氟尿嘧啶或磺胺嘧啶400mg。将接种管置25~30℃温箱中培养，每天对培养物进行暗视野检查，以判断有无生长。培养时间可能要10~30d，确认无钩端螺旋体生长者可弃去而判为阴性。一般是将病料先通过试验动物感染，然后由感染动物取材培养。

3.**动物感染试验**　一般采用幼龄豚鼠（体重150~200g）或仓鼠，腹腔注射被检样1~3mL，接种后每日测温观察两次。若材料中的病原毒力弱，动物常仅表现一过性症状而很

---

\* 临用前取此液数毫升，徐徐滴入10滴氨液，至所产生的棕黑色沉淀，轻摇动后仍能溶解为止。若此时溶液为清朗，可再滴入硝酸银少许，至液体略呈混浊，轻摇振仍不消失为度。

快恢复；若毒力强，常于接种3~5d后产生高温、黄疸、拒食、消瘦等典型症状，并经数日，当体温下降后迅速死亡。当体温升至40℃时，可采心血作培养检查。动物死后立即剖检可见皮下、肺脏有大小不等的出血斑，取其肝和肾组织研制成悬液作暗视野检查和培养检查。试验动物不发病可于半月后判为阴性结果。

**4. 血清学试验** 动物感染钩端螺旋体发病早期，其血清中即有特异性抗体出现，且迅速上升至高滴度水平，此抗体可长期存在。因此，用已知抗原检查动物血清中的抗体，是诊断本病极有价值的方法。另外，被检样品中的病原性钩端螺旋体，也可用已知抗血清进行检验，以作出诊断，并确定其血清学类型。

凝集溶解试验 此试验具有高度的型特异性，是诊断本病最常用的方法。

抗原：所用抗原为钩端螺旋体的幼龄（4~5日龄）培养物，浓度不低于每视野含菌40个。发生自身凝集的菌株不能应用。

操作方法：在一列小试管中，将血清以生理盐水作倍比稀释，由1:50至1:2 560或更高。每管0.1mL，另以一管加生理盐水0.1mL作为对照。再于每管中各加入抗原0.1mL，混合均匀置37℃温箱中作用2h，然后自每管取样作暗视野检查。凡发生凝集者，可见钩端螺旋体相互汇聚成"小蜘蛛"状，发生溶解者则菌体膨胀成颗粒样并随之裂解成为碎片。而且溶解现象常在凝集现象之后发生。一般血清抗体含量高时，出现溶解，抗体较低时出现凝集。

反应判定的标准：每一样品应镜检10个视野，10个视野中7个或更多视野有反应者记作＋＋＋；3~6个视野有反应者记作＋＋，3个以下者记作＋。能表现＋＋或更强反应的血清最高稀释度，即为该血清的效价。通常一个血清的凝集效价较高而凝集并溶解的效价较低。

被检动物血清的凝集溶解效价达1:800者为阳性反应，1:400者为可疑。但效价在1:400以下甚至更低者亦不能确定为非感染动物，应于1~2周后再次采血检查，若效价上升，亦可作为诊断的依据。

显微镜凝集试验 在微量滴定板上进行。

筛选操作法 在滴定板上按1:25（25μL量）稀释血清；加25μL生理盐水；加入25μL的活菌体抗原（血清最终稀释度为1:100）；以同法重复作每一血清型；在28℃作用2~2.5h；在暗视野显微镜下用油镜观察凝集絮片或液体的亮度。

滴定：以任一个1:100稀释的阳性血清，再做连续2倍稀释，再与每一血清型的菌体抗原作用，以判定血清的凝集价。

## 二、猪痢蛇形螺旋体

**1. 显微镜检查** 将猪痢蛇形螺旋体病病猪的粪样直接涂片或用生理盐水5倍稀释，静置0.5h，取其上层液体涂片，用结晶紫或石炭酸复红染色镜检，如发现紫色或红色、呈波浪卷曲、两端尖锐的菌体，而且数量很多，每个视野3~5条以上，可疑为本病。或取被检样品制成悬滴或压滴标本，于暗视野显微镜下检查，可见其呈旋转运动的螺旋状微生物。

**2. 分离培养** 本菌为革兰氏阴性、厌氧性螺旋体，培养条件比一般细菌要高，应采用含有胰酶消化的大豆汤血琼脂或普通血琼脂培养基，所用的培养基和稀释液都预先要予以还原后再行使用（放在含5% $CO_2$和95% $H_2$的环境中，培养24h后即可使用）。并还要在

有 $H_2$ 和 $CO_2$ 以冷钯（商品名称为 105 催化剂）为触媒的条件下培养。在培养基中预先加入壮观霉素 $400\mu g/mL$ 或多黏菌素可提高分离率。

**直接划线法** 将被检样品直接在上述经还原的血液琼脂培养基上划线分离，常因杂菌太多，较难分离成功。

**稀释法** 将被检样品用生理盐水按 $10^{-1} \sim 10^{-6}$ 稀释，每管各取 0.1mL，分别接种于培养基上，将平板放在含有 20% $CO_2$、80% $H_2$ 和冷钯的密闭容器厌氧系统内，于 37℃ 培养 $3 \sim 6d$，可见条状 $\beta$ 溶血区，呈云雾状扩散，有时可见针头状透明菌落，菌落甚为微小。

**过滤法** 将被检样品用生理盐水作 10 倍稀释，离心去沉渣，然后用醋酸纤维滤膜过滤，滤膜孔径由大到小，先从 8、3、$2\mu m$ 等开始，依次过滤，最后到 $0.65\mu m$。取 $0.8\mu m$、$0.65\mu m$ 滤过液按上述方法分别进行接种培养，也可得到稀释法的同样结果。

**3. 动物试验** 通常用小鼠、豚鼠、家兔和断奶仔猪等作为实验动物。

**经口感染试验** 以 15 代以内的猪痢蛇形螺旋体的培养物经口感染小鼠、豚鼠和断奶仔猪均可在 $1\sim 2$ 周内引起不同程度的肠炎，排出带血脓的粪便，此时粪检，常可查出大量的猪痢蛇形螺旋体。

**肠感染试验** 利用兔作回肠结扎试验，按一般外科手术方法，分段结扎回肠每段约5cm，间距2cm。试验肠段注入培养物 3mL，而对照肠段注入同量生理盐水，接种后 48h 剖检，如试验肠段臌气明显，液体增多，肠黏膜肿胀充血，并有黏性渗出物，涂片检查可见到大量猪痢蛇形螺旋体。用断奶仔猪做此试验效果更好。

**4. 血清学试验** 猪在感染猪痢蛇形螺旋体后，常可在血清中查出循环抗体，因此进行血清学试验具有诊断意义。

**微量凝集试验** 用 96 孔 U 形微量反应板，先将被检血清于 56℃ 水浴中，灭活 30min，用 1% 新生犊牛血清的 PBS 作 1∶8 稀释，再作倍比稀释，每孔 $50\mu L$，然后每孔各加凝集抗原 $50\mu L$，轻轻振动混匀后，置于 37℃ 温箱中 $16\sim 24h$，判定结果，其凝集价一般病猪＞1∶32，健康猪＜1∶16。

**平板凝集试验** 将被检血清用生理盐水按倍比法稀释为 $8\sim 128$ 倍，各取稀释液 1 滴（约 $20\mu L$），放于有格玻片上，再加结晶紫平板凝集抗原 1 滴，随即混匀，并观察结果，在室温条件下约 15min，即可判定结果，判定标准同上。

**荧光抗体染色检查** 将病料直接制成涂片，以直接或间接荧光抗体法染色检查，可发现具有亮绿色荧光的密螺旋体。此法可对此菌进行快速诊断，特异性较高。

## 附：胰酶消化物豆汤血琼脂培养基

酪蛋白胰酶消化物 15g，大豆蛋白胨 5g，氯化钠 5g，琼脂 15g，蒸馏水 1 000mL。将上述成分加热溶解，校正到 pH 7.3，过滤，分装，121℃ 15min 灭菌，取出后待冷至 50℃ 左右，以无菌操作加 $5\% \sim 10\%$ 的马或牛或绵羊脱纤血制成鲜血培养基。在此培养基中，再加壮观霉素 $400\mu g/mL$ 即可制成选择培养基。

[思考题]
1. 钩端螺旋体和猪痢蛇形螺旋体的形态各有什么特征？
2. 如何进行猪痢蛇形螺旋体的微生物学诊断？

# 实验二十二

# 霉形体（*Mycoplasma*）

霉形体又称支原体，是很小的原核细胞，完全没有细胞壁。菌体形态多变，具高度多形性，球形、梨形、分枝的或螺旋的丝状等。营养要求苛刻，在高血清量的复杂培养基上生长，在固体培养基上菌落呈油煎荷包蛋样特征性外观。能引起多种畜禽疾病。如牛传染性胸膜炎、山羊传染性无乳症、猪地方性肺炎、禽慢性呼吸道病等。

[目的要求]

了解霉形体的形态学特征，分离培养法和生长表现。

[实验材料]

猪肺炎霉形体、禽败血霉形体培养物，姬姆萨染色液，pH 7.2 的 PBS，疑似猪地方性肺炎肺组织材料。

[实验内容及操作程序]

1. **形态与染色**  将猪肺炎霉形体培养物制成均匀悬液，吸一滴在清洁玻片上，推成薄层；干燥后用甲醇固定 2~3min；用 pH 7.2 的 PBS 将姬姆萨染液稀释 20 倍，染色 3h；用 pH 7.2 的 PBS 冲洗玻片；干后，丙酮脱色 10s，待干燥后在油镜下观察其形态特征。

2. **霉形体的分离培养和鉴定**

培养基  牛心汤复合培养基

分离培养  无菌采取肺、肝、脾、肾组织，直接剪成小块放在固体培养基上划一直线，再用无菌铂耳环在与其垂直方向划线，或者将组织块剪碎研磨成匀浆，经液体培养基连续系列稀释后培养。若当液体材料为牛乳、排泄物、分泌物、胎液、滑液和胎儿胃内容物，可直接取 0.2mL 接种于液体培养基或取 0.1mL 接种于固体培养基。固体琼脂平板置 37℃ 潮湿需氧条件或在 5% $CO_2$ 下培养 48~96h，用斜射光或放大 25~40 倍的立体显微镜检查，若有特异的菌落出现，应选取散在的单个菌落用无菌解剖刀切下小琼脂块，用巴氏吸管小心地将菌落和周围琼脂吸入，再将其移入盛有 2~3mL 的液体肉汤培养管培养 48h，将其培养物通过 0.45μm 孔径大小的滤膜过滤后作 1:10 和 1:100 稀释，每一个稀释液取 0.05mL 涂布于几个琼脂平板，即可得到纯的霉形体培养物。若为液体培养基则取 0.2mL 移入试管内，塞紧橡皮塞，48~72h 后，若看到培养基清朗而培养基 pH 下降，此时再移植，取 0.2mL 培养物加入新的培养基，若仍然表现只见液体 pH 下降，而培养基清朗，涂片染色检查其形态特征，并取 0.1mL 培养液于固体琼脂平板，用铂耳环涂布均匀，培养可见霉形体的菌落特征。

分离物鉴定  从培养基中除去抑菌剂（青霉素、醋酸铊），经培养 5 代后菌体仍表现霉形体的特征；在适合的培养基和培养条件下，形成很小的油煎蛋样菌落，猪肺炎霉形体则表现圆的隆起表面呈颗粒状菌落。在培养基中加入一定浓度特异抗体，接种分离物通过菌落计数（菌落形成单位表示）来观察其生长抑制，或用圆纸片浸上抗血清放在琼脂上面，观察圆纸片周围的生长抑制圈，这是分离菌株简单的鉴定方法；其他血清学试验也可作为鉴定方法。如微粒凝集试验和补体结合反应等。

3. **动物接种试验** 将分离鉴定的霉形体纯培养物接种易感动物，如猪肺炎霉形体可引起仔猪地方性肺炎，可用纯培养物滴鼻或气管注射而感染发病。禽败血霉形体培养物可滴鼻感染雏鸡等。

在临床实践中，猪肺炎霉形体所致的猪地方性肺炎一般根据流行病学、临床表现及病理剖检即可作出诊断。微生物学诊断多用于研究目的。

## 附：牛心汤复合培养基

牛心汤1 000mL，蛋白胨10g，氯化钠5g，酵母提取液10mL，无菌马血清200mL，1.25%醋酸铊溶液20mL，青霉素200IU/mL。

A. 牛心汤的制备 切碎牛心500g加1 000mL水置4℃浸泡过夜，次日煮沸30min，过滤，补充原水量。

B. 酵母提取液的制备 酵母粉25g加双蒸水100mL，煮沸30min，离心取上清液，分装试管，121℃灭菌15min。

C. 在牛心汤中加入蛋白胨、氯化钠、酵母提取液，调pH至7.8，过滤（如制备固体培养基，此时加入2%琼脂），121℃灭菌20min。

D. 凉至50℃时，加入无菌马血清、醋酸铊及青霉素，分装试管或浇平板备用。

[思考题]

霉形体的形态及培养特征有何特点？

# 实验二十三

# 真菌的培养及形态观察

真菌在自然界分布广、数量大、种类多。有些真菌可引起人和畜禽疾病，有些霉菌还产生毒素，直接或间接地危害人类和动物健康。了解真菌的培养方法，认识其形态十分重要。

[目的要求]

掌握真菌的分离培养方法，认识真菌的形态。

[实验材料]

酵母菌和霉菌的固体、液体培养物，沙堡培养基，玻片，盖玻片，染色液等。

[实验内容]

## 一、真菌培养性状观察

### 1. 真菌在固体培养基上的生长表现

酵母菌在固体培养基上的生长表现　酵母菌在固体培养基上菌落呈油脂状或蜡脂状，表面光滑、湿润、黏稠，有的表面呈粉粒状，粗糙或皱褶，菌落边缘整齐、缺损或带丝状。菌落颜色有乳白色、黄色和红色等。

霉菌在固体培养基上的生长表现　将不同霉菌在固体培养基上培养 2~5d，可见霉菌菌落有绒毛状、絮状、绳索状等。菌落大小依种而异，有的能扩展到整个固体培养基，有的有一定局限性（直径 1~2cm 或更小），很多霉菌的孢子和菌丝能产生色素，致使菌落表面、背面甚至培养基呈现不同颜色，如黄色、绿色、黑色、橙色等。

### 2. 真菌在液体培养基中的生长表现

酵母菌在液体培养基中的生长表现　注意观察其混浊度，沉淀物及表面生长性状。

霉菌在液体培养基中的生长表现　霉菌在液体培养基中一般都浮在表面形成菌层，不同的霉菌各有不同的形态和颜色，注意观察。

### 3. 真菌的形态观察

真菌的水浸片的制备及观察　水浸片可用于观察真菌的菌体形态。常用美蓝染色液制备，活细胞能还原美蓝为无色，可区别死、活细胞。也可用蒸馏水制片。

酵母菌水浸片的制备：将美蓝染色液或蒸馏水滴于干净的载玻片中央，用接种环以无菌操作取 48h 的酵母菌体少许，均匀涂于液滴中（液体培养物可直接取一接种环于玻片上），并加盖盖玻片。注意切勿产生气泡，然后置于显微镜下观察。注意酵母菌的形态、大小和芽体，同时可以根据是否染上颜色来区别死、活细胞。

霉菌水浸片的制备：取培养 2~5d 的根霉或毛霉，培养 3~5d 的曲霉和木霉，培养 2d 左右的白地霉涂于载片中的美蓝或蒸馏水中，同上法制片。霉菌要选择有无性孢子的菌丝，用解剖针挑取少许菌丝放在上述载片的液滴中，将载片置于解剖镜下细心地用解剖针将菌丝分散成自然状态，然后加盖盖玻片，注意盖上盖玻片后不要移动，以免弄乱菌丝，制好片后，置镜下观察。

观察时注意菌丝有无隔膜，孢子囊柄与分生孢子柄的形状，分生孢子小梗的着生方式，孢子囊的形态，足细胞与假根的有无，孢子囊孢子和分生孢子的形态和颜色，节孢子的形状。根霉与毛霉、青霉、曲霉、木霉之间的异同点，以及白地霉的特点。

**霉菌封闭标本的制备** 霉菌的封闭标本，常用乳酸石炭酸液封片，其中含有甘油，不易干燥，而石炭酸有防腐作用。在封片液中，还可以加入棉蓝或其他酸性染料，更便于观察菌体。

取干净载玻片一块，中央滴加乳酸石炭酸一滴，用解剖针取霉菌菌丝少许，放入事先准备的 5% 的酒精中停留片刻，洗掉脱落的孢子以及附着于菌丝与孢子之间的空气，然后把此菌丝放载片上的乳酸石炭酸液中，在解剖镜下把菌丝轻轻分开成自然状态。加上盖玻片后，在温暖干燥的室内停放数日，让水分蒸发一部分，使盖玻片与载玻片紧贴，即可封片。封片时，要用清洁的纱布或脱脂棉将盖玻片四周擦净，并在周围涂一圈合成树脂或加拿大树胶，风干后保存。

**真菌的载片培养** 用上述的制片方法要想制备成完整而又清楚的真菌标本，有一定困难，而用载片培养法不仅解决制片困难，还可使对菌丝分枝和孢子着生状态的观察获得满意的效果。

取直径 7cm 左右圆形滤纸一张，铺放于一个直径 9cm 的平皿底部，上放一个 U 形玻棒，其上再平放一张干净的载玻片与一张盖玻片，盖好平皿盖，进行灭菌。

挑取真菌孢子接入盛有灭菌水的试管中，振荡试管制成孢子悬液。用灭菌滴管吸取灭菌后融化的固体培养基少许，滴于上述灭菌平皿内的载玻片中央，并用接种环将孢子悬液接种在培养基四周,将盖玻片加在培养基上,轻轻压一下,为防止培养过程中培养基干燥,可在滤纸上滴加无菌20%甘油3~4mL,然后盖上平皿盖,即成为调湿室载片培养。放在适宜温度的培养箱中培养,定期取出在低倍镜下观察,可以看到孢子萌发、发芽管的长出、菌丝的生长、无隔菌丝中孢子囊柄与孢子囊形成的过程、有隔菌丝的细胞生长、孢子着生状态等。

## 二、真菌的分离培养与纯培养

### 1. 划线分离培养法

培养基 取沙堡琼脂培养基熔化后,冷却至45℃,注入无菌平皿中,每皿15~20mL,作成平板备用。

接种 取待分离的材料(如田土、混杂或污染的真菌培养物,经70%酒精浸泡8~10min后的感染真菌的动物毛及皮屑等)少许,投入无菌水的试管内,振荡,使分离菌悬浮于水中。将接种环经火焰灭菌冷却后,取上述悬液,按细菌的平板划线分离法进行平板划线。

培养与观察 划线完毕后,置28℃温箱培养2~5d,待形成子实器官后,取单个菌落的部分,制片镜检,若只有1种菌,即得纯培养物。如有杂菌可取培养物少许制成悬液,用作划线分离,有时需反复多次始得纯种。另外,也可在放大镜的观察下,用无菌镊子夹取一段分离的真菌菌丝,直接放在平板上作分离培养,即可得到该真菌的纯培养物。

### 2. 稀释分离法

样品制备 取盛有9mL无菌水试管5支,编1~5号,取样品1g投入1号管内,振荡,使悬浮均匀。

稀释 用1mL无菌吸管将样品作10连续稀释,注意每稀释1管应更换1支吸管。

培养 用2支无菌吸管分别由第4、5号管中各取1mL悬液,分别注入两个灭菌培养皿中,再加入熔化后冷却至45℃的琼脂培养基约15mL,轻轻在桌面上摇转,静置,使凝成平板。然后倒置于温箱中培养2~5d,从中挑选单个菌落,移植于斜面上制成纯培养物。

## 附:培养真菌的培养基

1. **沙堡琼脂** 蛋白胨10g,麦芽糖40g,琼脂20g,蒸馏水1 000mL。加热熔化,调整pH至5.4,分装试管,115℃灭菌20min,摆成斜面或倾注平板。

2. **查氏(Capek)培养基** 葡萄糖30g,硝酸钠2g,硫酸镁0.5g,氯化钠0.5g,磷酸氢二钾4g,硫酸亚铁0.01g,琼脂30g,蒸馏水1 000mL。加热熔化,调整pH至4.0~5.5,间歇消毒3d,每次30min。

[思考题]

描述常见真菌的形态特征和培养特性。

# 实验二十四

# 病毒鸡胚培养

病毒培养可用动物接种、鸡胚培养和组织培养法。鸡胚接种培养是病毒学的重要方法之一，来自禽类的病毒，均可在鸡胚中繁殖，哺乳动物的病毒如蓝舌病病毒、流感病毒等也可在鸡胚中增殖。目前鸡胚尤其是SPF鸡胚被广泛利用于分离病毒、制造疫苗和抗原等，其来源丰富，操作简便。除病毒外，衣原体、立克次氏体也可用鸡胚来培养，衣原体可在鸡胚卵黄囊繁殖，致死鸡胚；部分立克次氏体也可在卵黄囊中繁殖。

[目的要求]

(1) 掌握鸡胚的孵化过程和不同日龄鸡胚的接种途径和接种方法。

(2) 掌握新城疫病毒在鸡胚尿囊腔增殖过程，掌握接毒和收毒的方法。

[实验材料]

白壳鸡胚、孵化箱、1mL注射器、蛋架、新城疫Ⅰ系和Ⅱ系弱毒苗等。

[实验准备]

1. **鸡胚的选择和孵化**　应选健康无病鸡群或SPF鸡群的新鲜受精蛋。为便于照蛋观察，以来航鸡蛋或其他白壳蛋为好。用孵卵箱孵化，要特别注意温度、湿度和翻蛋。孵化条件一般选择相对湿度为60%，最低温度36℃，一般37.5℃。每日翻蛋最少3次，开始可以将鸡胚横放，在接种前2d立放，大头向上，注意鸡胚位置，如胚胎偏在一边易死亡。

孵化3~4d，可用照蛋器在暗室观察。鸡胚发育正常时，可见清晰的血管及活的鸡胚，血管及其主要分枝均明显，呈鲜红色，鸡胚可以活动。未受精和死胚胚体固定在一端不动，看不到血管或血管消散，应剔除。鸡胚的日龄根据接种途径和接种材料而定，卵黄囊接种，用6~8日龄的鸡胚；绒毛尿囊腔接种，用9~10日龄鸡胚；绒毛尿囊膜接种，用9~13日龄的鸡胚；血管注射，用12~13日龄鸡胚；羊膜腔和脑内注射，用10日龄鸡胚。

2. **接种前的准备**

**病毒接种材料的处理**　怀疑污染细菌的液体材料，加抗生素（青霉素100~500IU和链霉素100~500μg）置室温中1h或冰箱12~24h高速离心取上清液，或经滤器滤过除菌。如为患病动物组织，应剪碎、研磨、离心取上清液，必要时加抗生素处理或滤过。

照蛋 以铅笔划出气室、胚胎的位置（图24-1），若要作卵黄囊接种或血管注射，还要划出相应的部位。

打孔 用碘酊在接种处的蛋壳上消毒，并在该处打孔。

[鸡胚的接种]

鸡胚接种一般用结核菌素注射器注射，注射完后均应用熔化的石蜡将接种孔封闭。

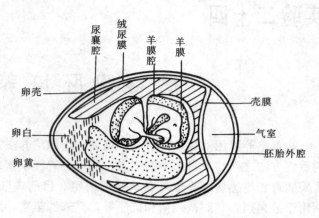

图24-1 10~11日龄鸡胚各部结构示意图

1. **绒毛尿囊腔内注射** 取9~10日龄鸡胚，用锥子在酒精灯火焰烧灼消毒后，在气室顶端和气室下沿无血管处各钻一小孔，针头从气室下沿小孔处插入，深1.5cm，即已穿过了外壳膜且距胚胎有半指距离（图24-2），注射量约0.1~0.2mL。注射后以石蜡封闭小孔，置孵育箱中直立孵育。

2. **卵黄囊内注射** 取6~8日龄鸡胚，可从气室顶侧接种（针头插入3~3.5cm），因胚胎及卵黄囊位置已定，也可从侧面钻孔，将针头插入卵黄囊接种。侧面接种不易伤及鸡胚，但针头拔出后部分接种液有时会外溢，需用酒精棉球擦去。其余同尿囊腔内注射（图24-3）。

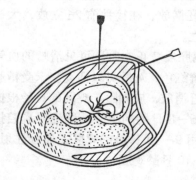

图24-2 尿囊腔接种的两种途径示意图

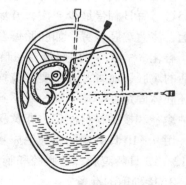

图24-3 卵黄囊接种法

3. **绒毛尿囊膜接种**

人工气室法（图24-4） 取10~11日龄鸡胚，先在照蛋灯下检查鸡胚发育状况，划出气室位置，并选择绒尿膜发育区作一"记号"。将胚蛋横卧于蛋座上，绒尿膜发育区"记号"朝上。用碘酒消毒记号处及气室中心部，在气室中心部锥小孔。然后用锥子轻锥记号处蛋壳，约0.5mm深，使其卵壳穿孔而壳膜不破。用洗耳球吸去气室部空气的同时，随即因上面小孔进入空气而绒尿膜陷下形成一个人工气室，天然气室消失（如图24-4）。接种时针头与卵壳成直角。自上面小孔直刺破卵膜进入人工气室约3～5mm，注入0.1～0.2mL病料，正好在绒尿膜上。接种完毕用熔化石蜡封闭两孔，人工气室向上，横卧于孵化箱中，逐日观察。

**直接接种法** 将鸡胚直立于蛋座上，气室向上，气室区中央消毒打孔，用针头刺破壳膜，接种时针头先刺入卵壳约0.5cm，将病料滴在气室内的壳膜上（0.1～0.2mL），再继续刺入约1.0～1.5cm（图24-5），拔出针头使病料液即慢慢渗透到气室下面的绒尿膜上，然后用石蜡封孔，放入孵化箱培养。本方法的原理为：壳膜脆，刺破后不能再闭合，而绒尿膜有弹性，当针头拔出后被刺破的小孔立即又闭合。

4. **羊膜腔内接种** 所用鸡胚为10日龄，有两种方法。

**开窗法** 从气室处去蛋壳开窗，从窗口用小镊子剥开蛋膜，一手用平头镊子夹住羊膜腔并向上提，另一手注射0.05～0.1mL病料液入腔内，然后封闭人工窗，使蛋直立孵化，此法可靠，但胚胎易受伤而死，而且易污染。

**盲刺法** 将鸡胚放在灯光向上照射的蛋座上，将蛋转动使胚胎面向术者。在气室顶部到边缘的一半处打一孔，用40mm长的针头垂直插入，约深30mm以上。如已刺入羊膜腔，能使针头拨动胚即可注入病料液0.1～0.2mL，如针头左右移动时胚胎随着移动，则针头已刺入胚胎，这时应将针头稍稍提起后再注射（图24-6）。拔出针头后石蜡封闭小孔。置孵化箱中培养。

[**接种后检查**]

接种后24h内死亡的鸡胚，系由于接种时鸡胚受损或其他原因而死亡，应该弃去，24h后，每天照蛋2次，如发现鸡胚死亡立即放入冰箱，于一定时间内不能致死的鸡胚亦放入冰箱冻死。死亡的鸡胚置冰箱中1～2h即可取出收取材料并检查鸡胚病变。

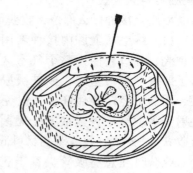

图24-4 鸡胚绒尿膜人工气室接种示意图
将接材料滴在人工气室的绒尿膜上，虚线表示原先的壳膜位置，小箭头表示绒尿膜移动方向

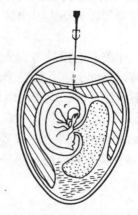

图24-5 鸡胚绒尿膜直接接种法
黑线针头为第一次刺入深度，虚线针头为第二次刺入深度

[鸡胚材料的收获]

原则上接种什么部位，收获什么部位。

（1）绒毛尿囊腔内接种者用无菌手术去气室顶壳，开口直径为整个气室区大小，以无菌镊子撕去一部分蛋膜，撕破绒尿膜而不撕破羊膜，用镊子轻轻按住胚胎，以无菌吸管或消毒注射器吸取绒毛尿囊液置于无菌试管中，多时可收获 5~8mL，将收获的材料低温保存。

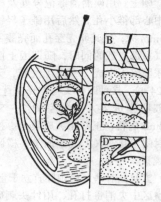

图 24-6　羊膜腔接种示意图
A. 针头刺入触及尿囊-羊膜
（此膜弹性很大）　B. 针头
向左移动　C. 形成一个折皱
D. 针头呈 45°刺入羊膜腔

收获时注意将吸管尖置于胚胎对面，管尖放在镊子两头之间。若管尖不放镊子两头之间，游离的膜便会挡住管尖吸不出液体。收集的液体应清亮，混浊则表示有细菌污染。最后取 2 滴绒毛尿囊液滴于斜面培养基上放在温箱培养作无菌检查。无菌检查不合格，收集材料废弃。

（2）羊膜腔内接种首先收完绒毛尿囊液，后用注射器带针头插入羊膜腔内收集，约可收到 1mL 液体，无菌检查合格保存。

（3）卵黄囊内接种者，先收掉绒毛尿囊液和羊膜腔液，后用吸管吸卵黄液。无菌检查同上。并将整个内容物倾入无菌平皿中，剪取卵黄膜保存，若要做卵黄囊膜涂片时，应于此时进行。

[思考题]

1．常用鸡胚接种方法有哪些？
2．鸡胚接种时应注意哪些事项？

# 实验二十五

# 病毒的血凝及血凝抑制试验

某些病毒具有凝集某种（些）动物红细胞的能力，称为病毒的血凝，利用这种特性设计的试验称血球凝集试验（HA），以此来推测被检材料中有无病毒存在，是非特异性的，但病毒的血凝可为相应的特异抗体所抑制，即血球凝集抑制试验（HI），具有特异性。通过HA-HI试验，可用已知血清来鉴定未知病毒，也可用已知病毒来检查被检血清中的相应抗体和滴定抗体的含量。

[目的要求]

掌握HA和HI的基本操作技术，了解其实用价值。

[实验材料]

新城疫病毒液0.1mL，1%鸡红细胞50mL，生理盐水50mL，阳性血清0.5mL，96孔"U"形或"V"形微量反应板，50微升定量移液管，滴头。

[实验内容及操作程序]

1. **血球凝集试验（HA）** 以新城疫病毒为例，操作过程如下（表25-1）。

(1) 在96孔"V"形微量反应板上进行，自左至右各孔加50$\mu$l生理盐水。

(2) 于左侧第1孔加50$\mu$L病毒原液或收获液，混合均匀后，吸50$\mu$L至第2孔，混合均匀后，吸50$\mu$L至第3孔，依次倍比稀释，至第11孔，吸弃50$\mu$L，稀释后病毒稀释度为第1孔1:2，第2孔1:4，第3孔1:8……。最后1孔为对照。

(3) 自左至右依次向各孔加1%鸡红细胞50$\mu$L置微型混合器上振荡1min或以后固定转圈振荡反应板，使血球与病毒充分混合，在37℃温箱中作用15~30min后，待对照红细胞已沉淀可观察结果。

(4) 判定结果：以100%凝集（血球呈颗粒性伞状凝集沉于孔底）的病毒最大稀释孔为该病毒血凝价，即一个凝集单位，不凝集者红细胞沉于孔底呈点状。

表 25-1 血细胞凝集（HA）试验术式表

| 孔 号 | 1 | 2 | 3 | 4 | 5 | 6 | 7 | 8 | 9 | 10 | 11 | 12 |
|---|---|---|---|---|---|---|---|---|---|---|---|---|
| 病毒稀释度 | 1:2 | 1:4 | 1:8 | 1:16 | 1:32 | 1:64 | 1:128 | 1:256 | 1:512 | 1:1024 | 1:2048 | 血细胞对照 |
| 生理盐水($\mu$L) | 50 | 50 | 50 | 50 | 50 | 50 | 50 | 50 | 50 | 50 | 50 | 50 |
| 病毒($\mu$L) | 50 | 50 | 50 | 50 | 50 | 50 | 50 | 50 | 50 | 50 | 弃去50 | |
| 1%鸡红细胞($\mu$L) | 50 | 50 | 50 | 50 | 50 | 50 | 50 | 50 | 50 | 50 | 50 | 50 |
| 37℃ 15~30min | | | | | | | | | | | | |
| 判定结果 | # | # | # | # | # | # | # | ++ | ++ | + | − | − |

从表 25-1 看出，本病毒的血凝价为 1:128，则 1:128 的 0.1mL 中有 1 个凝集单位，1:64、1:32 分别为 2、4 个凝集单位。或将 128/4＝32，即 1:32 为 4 个凝集单位，第 12 孔为血球对照应不凝集。

**2. 血细胞凝集抑制试验**（HI）（表 25-2）

表 25-2 血细胞凝集抑制（HI）试验术式表

| 孔 号 | 1 | 2 | 3 | 4 | 5 | 6 | 7 | 8 | 9 | 10 | 11 | 12 |
|---|---|---|---|---|---|---|---|---|---|---|---|---|
| 病毒稀释度 | 1:2 | 1:4 | 1:8 | 1:16 | 1:32 | 1:64 | 1:128 | 1:256 | 1:512 | 1:1024 | 病毒对照 | 血清对照 |
| 生理盐水($\mu$L) | 50 | 50 | 50 | 50 | 50 | 50 | 50 | 50 | 50 | 50 | | |
| 新城疫抗体($\mu$L) | 50 | 50 | 50 | 50 | 50 | 50 | 50 | 50 | 50 | 50 | 弃去50 | 50 |
| 4 单位病毒($\mu$L) | 50 | 50 | 50 | 50 | 50 | 50 | 50 | 50 | 50 | 50 | 50 | |
| 37℃ 15~30min | | | | | | | | | | | | |
| 1%鸡红细胞($\mu$L) | 50 | 50 | 50 | 50 | 50 | 50 | 50 | 50 | 50 | 50 | 50 | 50 |
| 37℃ 15~30min | | | | | | | | | | | | |
| 判定结果 | − | − | − | − | + | ++ | # | # | # | # | # | − |

（1）根据 HA 试验结果，确定病毒的血凝价，配成 4 个血凝单位病毒溶液。

（2）在 96 孔 "V" 形微量板上进行，用固定病毒稀释血清法，自第 1 孔至第 10 孔各加 50$\mu$L 生理盐水，11 和 12 孔分别为 4 单位病毒液和抗新城疫血清对照。

（3）第 1 孔加新城疫阳性血清 50$\mu$L，混合均匀，吸 50$\mu$L 至第 2 孔，依此倍比稀释至第 10 孔，吸弃 50$\mu$L，如此稀释后血清浓度为第 1 孔 1:2，第 2 孔 1:4，第 3 孔 1:8……。

（4）自第 1 孔至 11 孔各加 50$\mu$L 4 单位病毒液，第 12 孔加 50$\mu$L 血清，混

合均匀，置 37℃ 温箱作用 15~30 min。

(5) 自第 1 孔至 12 孔各加 1% 鸡红细胞 50μL，混合均匀后置 37℃ 温箱再作用 15~30min 待 4 单位病毒已凝集红细胞可观察结果。

(6) 判定结果：以 100% 抑制凝集的血清最大稀释度为该血清的滴度，即血清效价。凡被已知新城疫阳性血清抑制血凝者，该病毒为新城疫病毒。

从表 25-2 看出，该血清的 HI 效价为 1:128，通常用以 2 为底的负对数（$-\log 2$）表示，其 HI 的效价恰与板上出现的 100% 抑制凝集血清最大稀释孔数一致，如第 7 孔完全抑制，则其 HI 效价为 7，即 1:128。

在生产中，对免疫鸡群进行抗体监测时，可直接用 4 单位病毒液稀释血清，其方法为：

(1) 第 1 孔加 8 单位病毒 50μL，第 2~11 孔各加 50μL 4 单位病毒液。

(2) 第 1 孔及第 12 孔各加 50μL 待检血清。自第 1 孔开始混合后吸 50μL 至第 2 孔，依此倍比稀释至第 10 孔吸弃 50μL，混匀置 37℃ 作用 15~30min。

(3) 自 1~12 孔各加 1% 鸡红细胞 50μL，混匀后置 37℃ 15~30min，待对照病毒凝集后观察结果。

(4) 判定结果，以 100% 抑制凝集的血清最大稀释度为该血清的 HI 滴度。

## 附　录

1. Alsever 红细胞保养液

|  |  |
|---|---|
| 枸橼酸钠 | 0.8g |
| 枸橼酸 | 0.055g |
| 氯化钠 | 0.42g |
| 葡萄糖 | 2.05g |
| 双蒸水 | 100mL |

将以上试剂加热溶解于双蒸水中，调整 pH 至 6.8，115℃ 灭菌 10min，4℃ 保存备用。

2. 1% 鸡红细胞制备方法　先用灭菌注射器吸取 3.8% 枸橼酸钠溶液（其量为所需血量的 1/5），从鸡翅静脉抽血至需要血量，置灭菌离心管内，加灭菌生理盐水为抗凝血的 2 倍，以 2 000r/min 离心 10min，弃上清液，再加生理盐水悬浮血球，同上法离心沉淀，如此将红细胞洗涤三次，最后根据所需用量，用灭菌生理盐水配成 1% 悬液。

[思考题]

1. 病毒凝集红细胞是不是一种特异的抗原抗体反应？为什么？
2. HI 试验是不是特异的抗原抗体反应？为什么？

# 实验二十六

# 鸡胚原代细胞培养

细胞培养是病毒学研究中的重要手段,是进行病毒性疾病诊断必不可少的工具。病毒能在易感的组织和单层细胞内增殖,并可产生细胞病变。细胞培养分为原代细胞培养、传代细胞培养。

细胞培养对玻璃器皿洗涤要求严格,彻底洗涤后用蒸馏水冲洗,再用双蒸水冲洗,干燥灭菌后备用。所有的溶液都要用双蒸水配制,所用药品试剂要用分析纯试剂,严格要求无菌操作。

[目的要求]

掌握鸡胚原代细胞培养操作的基本程序,观察单层细胞生长情况。

[实验材料]

9~10日龄鸡胚,Hank's液50mL,0.5%水解乳蛋白液或MEM培养液20mL(内含犊牛血清1mL,双抗0.2mL,pH7.2),0.25%胰蛋白酶5mL、7% $NaHCO_3$ 1mL,手术剪、镊子,灭菌的培养皿,50mL三角瓶,滴管若干,链霉素小空瓶若干(加入细胞悬液培养用),高压灭菌塞子若干,培养盘,蛋座,95%酒精,水浴锅。

[实验内容及操作程序]

1. **配液** 制备细胞前先在Hnak's液中加青、链霉素,使其含量为青霉素100IU/mL,链霉素100μg/mL,用7% $NaHCO_3$ 调整pH至7.2~7.4,将胰蛋白酶调整pH7.6(玫瑰红色)。置37℃水浴锅中预热备用。

2. **取胚及剪碎** 将胚蛋气室端向上直立于蛋座上,用碘酊消毒气室,以镊子击破卵壳并弃之,撕破卵膜揭之,继撕破绒尿膜、羊膜,取出胚胎于灭菌平皿中。剪去头部、翅爪及内脏,用Hank's液(简称H液)洗去体表血液,移入灭菌三角瓶中,用灭菌剪刀剪碎鸡胚,使成为约 $1mm^3$ 大小的碎块,加5mL H液轻摇,静止1~2min,使其组织块下沉。吸去上层悬液,依同法再洗2次,至上悬液不混浊为止,吸干H液留组织。

3. **消化** 自水浴锅内取出预热的胰酶,按组织块量约3~5倍加入三角瓶中,1个鸡胚约需5mL胰酶,三角瓶上加塞,以免 $CO_2$ 挥发及污染。37℃水浴约20min左右,每隔5min轻轻摇动1次,由于胰酶作用,使细胞与细胞之间的氨基和羧基游离，待液体变混而稍稠，此是再轻摇可见组织块悬浮在液体内而不易下沉时，则需中止消化，如再继续消化下去可破坏细胞膜而不易贴壁生长，如果消化不够，则细胞不易分散。

4. **洗涤** 取出三角瓶后静置1min，让组织块下沉后，吸去胰酶液，用10mL Hank's液反复轻洗3次，以洗去胰酶，吸干上清液，留组织块。

5. **吹打** 加2mL含血清的0.5%水解乳蛋白营养液或MEM培养液，以粗口吸管反复吹吸数次，使细胞分散，此时可见营养液混浊即为细胞悬液。静置1min，使未冲散的组织块下沉后，小心地将细胞悬液吸出1mL于20mL营养液中，此液细胞数约50万～70万/mL。如需大量细胞，可继续加营养液冲打，一个鸡胚约可做100mL细胞悬液。

6. **细胞计数** 取上述细胞悬液0.5mL加入0.1%结晶紫-柠檬酸(0.1mol/L)溶液2mL，置室温或37℃温箱中5～10min，充分振动混合后，用毛细管吸取滴入血细胞计数板内，在显微镜下计数。计数方法按白细胞计数法，计算四角大格内完整细胞的总数。如3～5个聚集在一起，则按1个计算，然后将细胞总数按下法换算成每毫升中的细胞数。

细胞数/mL＝4大格细胞总数/4×10 000×稀释倍数

例如：4大格的细胞总数为284个，而稀释倍数为5（0.5mL染色液），则每毫升细胞悬液的细胞数为$284/4 \times 10 000 \times 5 = 3.5 \times 10^4$个。

7. **稀释** 按照每毫升50万～70万个细胞密度的标准，将细胞悬液用营养液稀释之。

（计数时,可见到大部分细胞完整分散,3～5个细胞成堆,且细胞碎片很少;说明消化适度;如分散细胞少,则消化不够;如细胞碎片多,则消化过度。）

**活细胞计数法** 取2%台盼蓝溶液1滴，细胞悬液1滴，混合计数，活细胞不着色，死细胞呈蓝色。

8. **分装培养** 分装于链霉素瓶中，每瓶约1mL，瓶口橡皮塞要塞紧。不合适者弃去，以免漏气造成污染或$CO_2$跑掉而营养液变碱。将细胞瓶横卧于培养盘中，于瓶上面划一直线，以表示直线的对侧面为细胞在瓶内的生长位置。瓶上注明组别、日期，置37℃温箱培养，4h后细胞即可贴附于瓶壁，24～36h生长成单层细胞，此时可吸去培养液，更换维持液，并接种病毒。

## 附：细胞培养所需的常用培养基与试剂

1. **Hank's液配制**

原液甲

NaCl　　　　　　　　　　　　　　　　　　8g

| | |
|---|---|
| KCl | 2g |
| MgSO$_4$·7H$_2$O | 2g |
| MgCl$_2$·6H$_2$O | 2g |
| 2.8% CaCl$_2$ | 100mL |
| 双蒸水 | 加至1 000mL |

先将固体成分加于800mL双蒸水中，加温到50~60℃加速溶解，再加入CaCl$_2$溶液，最后加双蒸水补足到1 000mL。加氯仿2mL，摇匀后于4℃贮存。

原液乙

| | |
|---|---|
| Na$_2$HPO$_4$·2H$_2$O | 1.2g |
| KH$_2$PO$_4$·2H$_2$O | 1.2g |
| 葡萄糖 | 20g |
| 0.4%酚红 | 100mL |
| 双蒸水 | 加至1 000mL |

将上列各物混合后使其溶解，加氯仿2mL，摇匀后于4℃贮存。

Hank's工作液

| | |
|---|---|
| 原液甲 | 1份 |
| 原液乙 | 1份 |
| 双蒸水 | 18份 |

工作液分装100mL或500mL盐水瓶中，115℃灭菌10min，使用前以7% NaHCO$_3$调节pH到7.2~7.6。

2. **0.4%酚红溶液配制**

| | |
|---|---|
| 酚红 | 0.4g |
| 0.1% NaOH溶液 | 11.28mL |

将酚红置于研钵中，加磨边缓缓加NaOH溶液，直到所有颗粒完全溶解，置于至100mL量杯中，最后加双蒸水至100mL，摇匀后，保存于4℃冰箱内备用。

3. **0.5%乳蛋白水解物溶液配制**

| | |
|---|---|
| 乳蛋白水解物 | 5g |
| Hank's液 | 1 000mL |

将乳蛋白水解物放入1 000mL Hank's液中，待完全溶解后，摇匀分装于100mL的盐水瓶中，每瓶95mL，115℃ 10min灭菌，4℃贮存备用。

4. **营养液（生长液）配制**

| | |
|---|---|
| 0.5%乳蛋白水解物 | 95mL |
| 犊牛血清 | 5mL |
| 青霉素、链霉素 | 1mL |

将上述溶液混合后，以7% NaHCO$_3$适量调节pH到7.2~7.4。维持液按上述方法，加犊牛血清2.5mL即成。

5. **MEM培养液** MEM培养基一袋，加1 000mL双蒸水，过滤除菌或高压灭菌，分装于100mL盐水瓶中，每瓶90mL，用前以7% NaHCO$_3$调pH到7.2~7.4，并加10%犊牛血清。

6. 双抗配制

  青霉素              100万 IU

  链霉素              1g

  Hank's 液             100mL

将青、链霉素溶解于100mL Hank's 溶液中，此为双抗溶液，无菌操作，分装小瓶，每瓶 1mL，内含有青霉素 1IU，链霉素 10 000μg，低温冻结保存。

使用时每 100mL 营养液中加双抗 1mL，即每 mL 营养液中含青霉素 100IU，链霉素 100μg。

7. 7% $NaHCO_3$ 溶液配制

  $NaHCO_3$             7g

  双蒸水              100mL

将 $NaHCO_3$ 溶于双蒸水中，置水浴锅中加热溶解，115℃ 10min 灭菌后，无菌操作分装小瓶，每瓶 1mL，4℃ 保存。

8. 0.25% 胰蛋白酶配制

  胰蛋白              0.25g

  Hank's 液             100mL

将胰蛋白酶溶于 Hank's 液中，待完全溶解后，用 0.2μm 滤膜过滤，检验无菌后才能使用。无菌分装小瓶，每瓶 5mL，低温冻结保存。使用时，以 7% $NaHCO_3$ 调节 pH 到 7.6～7.8。

[思考题]

  原代细胞培养操作过程应注意哪些事项？

# 实验二十七

# 细胞培养接种病毒及细胞病变观察（CPE）

病毒感染细胞后，大多数能引起细胞病变（CPE），有的表现为细胞自玻面脱落；有些使细胞溶酶体损伤，导致细胞变圆，最终细胞溶解；有些病毒的酶能使细胞膜溶解，从而使几个细胞合在一起成合胞体。直接在低倍镜下观察，CPE 一般无需染色。但也有病毒不产生 CPE，则应采用免疫荧光等技术检查细胞中的病毒。

细胞感染病毒不一定是同时发生的，因此 CPE 也不一定在同一时间内出现。不同病毒产生 CPE 的时间也不尽相同，对一种病毒而言，在某种细胞培养中，其 CPE 相当稳定，因此细胞病变往往是随着病毒种类和所用细胞类型的不同而异。

[目的要求]

了解细胞培养接种的过程以及细胞病变观察。

[实验材料]

新城疫病毒（Ⅰ系苗）（1:10）1mL、Hank's 液 15mL、维持液 10mL、灭菌吸管、小烧杯、鸡胚成纤维细胞、橡胶滴头等。

[实验内容及操作程序]

1. **细胞处理** 取已生长好的鸡胚单层细胞培养物 5 瓶吸弃瓶中培养液，用 Hank's 液洗一次细胞。

2. **接种病毒** 每瓶接种新城疫系毒 2 滴，盖好瓶塞，横卧瓶管轻轻转动，使整个细胞单层接触病毒液，在室温或 37℃下吸附 15min 后，不需吸弃病毒液，直接加维持液 1mL，置 37℃培养。

3. **对照** 另取 2 瓶细胞作对照，先吸弃培养液，同样用 Hank's 液洗一次细胞，再加 1mL 维持液。

4. **病变观察** 24h 观察病变。首先是细胞的透明度降低，随后质内颗粒增加且收缩，由梭形细胞逐渐变为圆形，细胞与细胞之间仅由纤细的细胞间桥连接，使细胞单层呈网状结构，进一步细胞间桥也随之消失，细胞自玻面脱落。

5. **病毒收获** 一般当细胞出现约 50%～70%病变时，将培养液吹吸细胞层数次，吸出培养液，置小瓶中冰冻保存。

[思考题]
1. 描述所观察的 CPE。
2. 如何收获病毒？

# 附录一 常用染色液的配制及特殊染色法

## 一、染色液的配制及特殊染色法

**1. 染料饱和酒精溶液的配制** 配制染色液常先将染料配成可长期保存的饱和酒精溶液，用时再予以稀释配制。配制饱和酒精溶液，应先用少量95%酒精先在研钵中徐徐研磨，使染料充分溶解，再按其溶解度加于95%酒精之中，贮存于棕色瓶中即可。

附表1 几种常用染料在95%酒精中的溶解度（26℃）

| 染料名称 | 美蓝 | 结晶紫 | 龙胆紫 | 碱性复红 | 沙黄 |
|---|---|---|---|---|---|
| 溶于100mL95%酒精中的重量（g） | 1.48 | 13.87 | 10.00 | 3.20 | 3.41 |

**2. 常用染色液的配制**

（1）碱性美蓝（亦称骆氏美蓝）染色液 取美蓝饱和酒精溶液30mL，加入0.01%氢氧化钾水溶液100mL，混合即成。此染色液在密闭条件下可保存多年。若将其在瓶中贮至半满，松塞棉塞，每日拔塞摇振数分钟，并不时加水补充失去的水分，约1年后可获得多色性，成为多色美蓝染色液。

（2）草酸铵结晶紫（亦称赫克结晶紫）染色液 取结晶紫饱和酒精溶液2mL，加蒸馏水18mL稀释10倍，再加入1%草酸铵水溶液80mL，混合过滤即成。

（3）革兰氏碘溶液 将碘化钾2g置乳钵中，加蒸馏水约5mL。再加入碘片1g，予以研磨，并徐徐加水，至完全溶解后，注入瓶中，被加蒸馏水至全量为300mL即成。此液可保存半年以上，当产生沉淀或褪色后即不能再用。

（4）沙黄水溶液 沙黄也称番红花红。将沙黄饱和酒精溶液以蒸馏水稀释10倍即成。此液保存期以不超过4个月为宜。

（5）石炭酸复红染色液 取3%复红酒精溶液10mL，加入5%石炭酸水溶液90mL混合过滤即成。

（6）稀释石炭酸复红染色液 将石炭酸复红染色液以蒸馏水稀释10倍即成。

（7）3%盐酸酒精（亦称含酸酒精） 加浓盐酸3mL于95%酒精97mL中即成。

（8）瑞氏染色液 取瑞氏染料0.1g置乳钵中，徐徐加入甲醇，研磨以促其溶解。将溶液倾入有色中性玻瓶中，并数次以甲醇洗涤乳钵，亦倾入瓶内，最后使全量为60mL即可。将此瓶置暗处过夜，次日滤过即成。此染色液须置于暗处，其保存期约为数月。

(9) 姬姆萨染色液　取姬姆萨氏染料 0.6g 加于甘油 50mL 中，置 55～60℃ 水浴中 1.5～2h 后，加入甲醇 50mL，静置 1 日以上，滤过即成姬姆萨染色液原液。

临染色前，于每毫升蒸馏水中加入上述原液 1 滴，即成姬姆萨染色液。应当注意，所用蒸馏水必须为中性或微碱性，若蒸馏水偏酸，可于每 10mL 左右加入 1% 碳酸钾溶液 1 滴，使其变成微碱性。

## 二、特殊染色法

### 1. 荚膜染色法

(1) 美蓝染色法　带负电荷的菌体与带正电荷的碱性染料结合成蓝色，而荚膜因不易着色而染成淡红色。抹片自然干燥，甲醇固定，以久储的多色性美蓝液作简单染色，荚膜呈淡红色，菌体呈蓝色。

注：多色性美蓝即碱性美蓝，亦称骆氏美蓝。

(2) 瑞氏染色法或姬姆萨染色法　抹片自然干燥，甲醇固定，以瑞氏染色液或姬姆萨染色液染色，荚膜呈淡紫色，菌体呈蓝色。

(3) 节氏（Jasmin）荚膜染色法　取 9mL 含有 0.5% 石炭酸的生理盐水，加入 1mL 无菌血清（各种动物的血清均可）混合后成为涂片稀释液。取此液一接种环置于载玻片上，又以接种环取细菌少许，均匀混悬其中，涂成薄层，任其自然干燥，在火焰上微微加热固定，然后置甲醇中处理，并立即取出，在火焰上烧去甲醇。以革兰氏染色液中的草酸铵结晶紫染色液染色 0.5min，干燥后镜检。背景淡紫色，菌体深紫色，荚膜无色。

### 2. 鞭毛染色法

(1) 莱氏（Leifson）鞭毛荚膜染色法：鞭毛宽一般约 0.01～0.05μm，在普通光学显微镜下看不见，用特殊染色法在染料中加入明矾与鞣酸作媒染剂，让染料沉着于鞭毛上，使鞭毛增粗容易观察，染色时间愈长，鞭毛愈粗。

染色液：

| | |
|---|---|
| 钾明矾或明矾的饱和水溶液 | 20mL |
| 20% 鞣酸水溶液 | 10mL |
| 蒸馏水 | 10mL |
| 95% 酒精 | 15mL |
| 碱性复红饱和酒精溶液 | 3mL |

依上列次序将各液混合，置于紧塞玻瓶中，其保存期为 1 个星期。

染色剂：

| | |
|---|---|
| 含染料 90% 的美蓝 | 0.1g |
| 硼砂（Borax） | 1.0g |
| 蒸馏水 | 100mL |

染色法：滴染色液于自然干燥的抹片上，在温暖处染色 10min，若不作荚膜染色，即可水洗，自然干燥后镜检。鞭毛呈红色；若作荚膜染色，可再滴加复染剂于抹片上，再染色 5～10min，水洗，任其干燥后镜检。荚膜呈红色，菌体呈蓝色。

(2) 刘荣标氏鞭毛染色法

染色液：

溶液一：

　　　　5%石炭酸溶液　　　　　　　　　　　　　　10mL

　　　　鞣酸粉末　　　　　　　　　　　　　　　　2g

　　　　饱和钾明矾水溶液　　　　　　　　　　　　10mL

溶液二：饱和结晶紫或龙胆紫酒精溶液。

用时取溶液一 10 份和溶液二 1 份，此混合液能在冰箱中保存 7 个月以上。

染色法：取幼龄培养物制成抹片，干燥及固定后以溶液一和溶液二的混合液在室温中染色 2～3min，水洗，干燥后镜检。菌体和鞭毛均呈紫色。

(3) 卡-吉二氏（Casares-Cill）鞭毛染色法

媒染剂：

　　　　鞣酸　　　　　　　　　　　　　　　　　　10g

　　　　氯化铅（AlCl$_3$·6H$_2$O）　　　　　　　　　　　18g

　　　　氯化锌（ZnCl$_2$）　　　　　　　　　　　　　10g

　　　　盐酸玫瑰色素（Rosanilline hydrochloride）或碱性复红　1.5g

　　　　60%酒精　　　　　　　　　　　　　　　　40mL

先盛 60%酒精 10mL 于乳钵中，再以上列次序将各物置乳钵中研磨以加速其溶解，然后徐徐加入剩余的酒精。此溶液可在室温中保存数年。此法染假单胞菌更好。

染色法：制片自然干燥后，将上述媒染剂作 1:4 稀释，滤纸过滤后滴于片上染 2min，水洗后加石炭酸复红染 5min，水洗，自然干燥，镜检。菌体与鞭毛均呈红色。

### 3．芽孢染色法

(1) 复红美蓝染色法：细菌的芽孢外面有较厚的芽孢膜，能防止一般染料的渗入，如用碱性复红、美蓝等作简单染色，芽孢不易着色。采用对芽孢膜有强力作用的化学媒染剂如石炭酸复红进行加温染色，芽孢着色牢固，一旦芽孢着色后，于酸类溶液处理也难使之脱色，因此再用碱性美蓝溶液复染，只能使菌体着色。

抹片经火焰固定后，滴加石炭酸复红液于抹片上，加热至生蒸汽，经 2～3min，水洗。以 5%醋酸脱色，至淡红色为止，水洗。以骆氏美蓝液复染 0.5min，水洗。吸干或烘干，镜检。菌体呈蓝色，芽孢呈红色。

(2) 孔雀绿-沙黄染色法：抹片经火焰固定后滴加 5%孔雀绿水溶液于其上，加热 30～60s，使生蒸汽 3～4 次。水洗 0.5min，以 0.5%沙黄水溶液复染 0.5min。水洗，吸干镜检。菌体呈红色，芽孢呈绿色（所用玻片最好先以酸液处理，可防绿色褪色）。

### 4．异染颗粒染色法

异染颗粒的主要成分是核糖核酸和多偏磷酸盐，嗜碱性强，故用特殊染色法可染成与细菌其它部分不同的颜色。

(1) 美蓝染色法：抹片在火焰中固定后，以多色性美蓝液染色 0.5min，水洗，吸干，镜检。菌体呈深蓝色，异染颗粒呈淡红色。

(2) 亚氏（Albert）染色法：抹片在火焰中固定后，以亚氏染色液染色 5min，水洗后再以碘溶液染色 1min，水洗，吸干，镜检。菌体呈绿色，异染颗粒呈黑色。亚氏染色液和碘溶液的成分如下：

染色液

　　　　甲苯胺蓝（Toludine blue）　　　　　　　　0.15g

| | |
|---|---|
| 孔雀绿 | 0.20g |
| 冰醋酸 | 1mL |
| 95％酒精 | 2mL |
| 蒸馏水 | 100mL |

碘溶液

| | |
|---|---|
| 碘片 | 2g |
| 碘化钾 | 3g |
| 蒸馏水 | 300mL |

将碘片和碘化钾在乳钵中研磨，先加 40～50mL 水，使其充分溶解，然后再加足量蒸馏水。

# 附录二　常用仪器的使用

掌握微生物实验室常用仪器的使用是十分重要的，随着科学技术的发展，微生物实验仪器的种类也不断增加，有些仪器价格昂贵，一旦不按规定操作，机器损坏，会造成很大的损失，直接影响教学科研工作的进展，甚至造成人员的伤亡。因此，有必要对某些常用仪器的使用方法和注意事项予以介绍。

微生物实验室常用的主要仪器有温箱、$CO_2$培养箱、普通冰箱、低温冰箱、超低温冰箱、普通离心机、高速离心机、超速离心机、高压蒸汽灭菌器、干热灭菌器、滤器、冻干机等。

**一、温箱**　亦称恒温箱或孵育箱，是培养微生物的重要设备。根据温箱是否有$CO_2$供给装置，可分为普通温箱和$CO_2$培养箱，后者对组织培养是十分必要的。

（一）普通温箱　使用时应注意的事项如下：

（1）若系电热温箱，用前应检查所需要的电压与供应的电压是否一致，如不符合，则应使用变压器。

（2）水套式温箱内外夹壁之间须盛水，用前需注入与所需温度相近的温蒸馏水，每过一段时间须加水，不用时应将水放出。

（3）用时注意温度调节旋钮与箱内温度是否一致。常用温度为37℃。

（4）除取、放培养材料外，箱门应始终严密关闭。

（5）箱内应保持清洁干燥。

（二）二氧化碳培养箱　这是专供组织培养用培养箱，根据需要可调节$CO_2$的使用浓度，一般为5%，这种培养箱有$CO_2$供给装置控制系统和$CO_2$气体瓶。使用时注意事项：

（1）除了一般的电器使用要求外，特别注意$CO_2$供给系统和控制器是否符合要求。

（2）$CO_2$气体要高纯度，气体瓶要清洁。

（3）防止霉菌污染，要定期消毒清洗。

（4）保持一定的湿度，盛水盆要清洁，水要灭菌后加入。

（5）避免开关门次数太频繁。否则既会影响箱内温度和气体浓度，又会造成气体控制系统易发生故障。

**二、冰箱**　冰箱根据液体挥发成气体时需要吸热，而将其周围的温度降低这个原理设计的。可用的冷却液有氨、二氧化碳、二氧二氟甲烷（或称费里昂 Freon）和溴化锂等，这些物质液态时都容易气化，气化时吸收大量热，稍微加力又易被液化。冰箱根据制冷温度和用途分为普通冰箱、低温冰箱和超低温冰箱等。

（一）普通冰箱　冷冻室的温度0℃以下，冷藏室的温度应为4~10℃。使用时可根据实验材料和要求，调控至适合的温度范围，应定期清理冰盒中的厚冰，保持冰箱的清洁干燥。

（二）低温冰箱　一般温度控制范围在-40～-20℃之间，有立式和卧式两种，适宜于存放一般的培养基、血清、含毒材料等。这种冰箱在使用时，要有专人管理，定期清理厚冰层，尽量避免开闭次数。

（三）超低温冰箱　一般温度控制范围可达-70℃以下，有立式和卧式两种，适用于存放毒种、病毒材料和放射标记材料等。在夏季室内气温高时要特别注意通风，要有专人管理。

三、离心机　离心机系根据物体转动时产生离心力这一原理设计的，随着科学技术的发展，离心机的功能不断在扩大，离心机的类型愈来愈多，离心速度由低速到高速，再到超高速，离心容量由1mL/每个离心管到大容量500mL/每个离心管。现将微生物实验室可能用到的离心机介绍如下：

（一）普通离心机　这种离心机有多种型号，少者每个离心管可盛0.5～1mL，多者每个离心管可盛70mL，转速最高可达4 000～8 000r/min，用于离心沉降血球、细菌、瘤细胞、澄清液体和提取免疫球蛋白等，如为低温冷冻离心机，离心效果更佳。离心机使用中必须注意：

（1）使用前认真熟悉使用说明，不懂不要装懂，必须掌握操作规程。

（2）将盛有材料的离心管置于金属离心管内，必要时可于管底垫上橡胶或塑料泡膜，在天平上平衡后小心对称放入离心机内，盖上盖。

（3）打开电源开关，慢速转动速度调节器至所要求的速度刻度上，维持一定时间。有的离心机在转动盘上装有玻璃管一根，从盖中央的小孔中突出于离心机外，管中盛酒精，当离心机转动时，因离心作用使酒精形成一个旋涡，从旋涡的深度即可显示转动速度。

（4）到达时间后，将速度调节器的指针慢慢转回至零点，然后关闭电源。

（5）待转动盘自动停止转动后，方可将离心机盖打开取出离心管（此时应小心勿振动）。

（6）在离心过程中，如发现离心机振动，且有杂音，则表明离心管重量不平衡；若发现有破碎声，应立即停止使用，进行检查。

（二）高速离心机　品牌型号多样，小型者转速可达15 000～20 000r/min，容量为2mL/每个离心管，如Eppendorf离心机，TGL-IGB高速台式离心机（上海安亭科学仪器厂）等，这些离心机用于病毒核酸的提取，微量样品分析和少量含菌、含毒材料的沉淀、澄清等。这种离心机使用简便，只要求将两离心管平衡好，放入离心机。再确定离心时间，打开电源开关即可。这种离心机最好能放在冰箱下部，确保离心样品不受影响；大型者转速可达20 000～25 000r/min，容量35mL/每个离心管，这种离心机都带有制冷系统。离心过程中离心转头的温度在4℃左右。如Backman公司J-21C离心机等。

（三）超速离心机　有多种品牌型号，各个厂家产品不一，Backman公司生产的L3-50和L5-65两种型号的超速离心机，其转速可达25 000～50 000r/min，使用时可根据实验目的、材料多少选择不同的转头，若要求转速在25 000r/min，可选用SW27或SW28转头，每个离心管容量为35mL，有6个离心管；若要求转速达30 000～40 000r/min，可选用SW41转头，每个离心管容量为15mL；若要求转速达40 000～50 000r/min，则要用转头SW50，每个离心管容量为5mL。在使用时除了每个离心管与相对的离心管平衡外，离心管内容物一定要装满，盖上盖拧紧，启动一定要按使用规程操作，绝对不可有一点马虎。

（四）超高速离心机　涡轮型离心机，属小型，转头很小，离心管相当于大一点的胶囊，其转速可达50 000～10 000 000r/min，主要靠压缩空气的冲击而转动涡轮驱使转头转动，只能用于小病毒材料的处理和沉淀病毒粒子。

**四、高压蒸气灭菌器**　系根据沸点与压力成正比的原理设计的，是微生物实验室必不可少的重要设备。其种类较多，常用为手提式高压蒸气灭菌器，使用方便。还有立式和卧式两种。高压灭菌器的用法及其注意事项如下：

（1）在灭菌器内加入适量的水，约近金属隔板或支架处。

（2）将灭菌物品包扎好，小心放入容器或隔板上。

（3）将盖盖好，扭紧螺旋，关闭气门。

（4）接通电源，当温度达到100℃时，徐徐打开气门，排出器内所存留的空气，然后关闭气门，一般需排放两次空气。

（5）待温度升至121℃（或根据需要）时开始计时，并将电源调节至恰能维持所需要的压力为度，时间到时切断电源。

（6）仪器中压力自行降至零时，方可将气门慢慢打开，放气。排气完毕后，开盖取出灭菌物品。

（7）将器内的水放出，并作必要的清洁，将盖放回原处。

附表2　压力与沸点表

| 压力（磅*） | 沸点（℃） | 压力（磅） | 沸点（℃） |
|---|---|---|---|
| 1 | 102.3 | 11 | 116.8 |
| 2 | 104.2 | 12 | 118.0 |
| 3 | 105.7 | 13 | 119.1 |
| 4 | 107.3 | 14 | 120.2 |
| 5 | 108.0 | 15 | 121.3 |
| 8 | 113.0 | 16 | 122.4 |
| 10 | 115.6 | 20 | 126.2 |

\* 1磅＝6 894.76Pa

**五、流通蒸气灭菌器**　简称蒸气灭菌器，亦称阿氏（Arnold）灭菌器，其原理系用流通蒸气而达到灭菌目的。这种灭菌器的最高温度达100℃，通常用于灭菌不耐热的材料如：明胶，含牛乳、糖类培养基和组织培养用培养基和溶液等。现在多用高压蒸气灭菌器代替了它的功能，但高压蒸气灭菌器的排气阀门在100℃排气后一直打开。使用流通蒸气灭菌器注意事项：

（1）加水于灭菌器的底槽内，由水孔进入盛水腔，水量以不淹没隔板为度。

（2）置灭菌材料于内腔的隔板上，将内外两层门关好。

（3）在盛水腔下加热使生蒸气。

（4）温度上升至一定程度（通常为沸点）后维持一定时间（通常30～60min），然后将灭菌材料取出。

（5）若用间歇灭菌法，则材料取出冷后，应放入温箱内使其中存在的芽胞发芽，第2

天再灭菌一次，即可将一般细菌繁殖体完全杀死。

**六、除菌滤器** 是微生物实验室不可缺少的设备，可用来滤过糖溶液、血清、腹水、组织培养用培养基和某些药物、溶液等以达到除菌的目的，也可用来滤过含病毒、毒素的材料和测定病毒粒子的大小等。随着科技的发展，原来的一些陶瓷滤器如：伯氏（Barkefeld）、姜氏（Chamberland）滤器逐渐淘汰。蔡氏（Seitz）滤器、玻璃滤器、纤维素膜滤器常用，兹介绍如下：

（一）蔡氏滤器 是用金属器将石棉板夹在中间，作为滤过器使用，每次换一块石棉板，石棉板按孔径大小有两种：K型（粗）可作澄清用，EK（细）能阻止细菌通过。石棉板带正电荷，但用于滤过组织培养液时可能有一定毒性，对组织细胞生长不利。在滤过血清、培养基前，先用蒸馏水滤过。

（二）玻璃滤器 系由玻璃制成，使用方便，常用的型号为G4、G5、G6 3种，G4可以粗滤，G5、G6细滤，后两种可阻挡细菌通过。在新滤器使用前，以清水洗净，浸入热稀硫酸或稀盐酸中浸泡24h，再抽滤，然后用蒸馏水抽滤，再以1mol/L NaOH液抽滤，最后用蒸馏水抽滤多次，晾干后与滤瓶分别包装，干热灭菌或流通蒸气灭菌。用后，先用自来水将上面的东西洗净，再用蒸馏水洗、抽滤多次，再过稀盐酸抽滤，按上述过程进行处理。

（三）纤维素微孔滤膜 系由纯纤维素或其衍生物制成，有不同的孔径大小，由 $0.22\mu m$ 到 $0.65\mu m$，常用者 $0.22\mu m$、$0.45\mu m$ 和 $0.65\mu m$，滤膜可夹在小型滤器之间。现在多个厂家生产不锈钢滤器，可提供不同规格大小的滤膜，采用正压滤过法使溶液通过微孔滤膜而达到除菌的目的。

**七、干热灭菌器** 又称干烤箱，主要用来灭菌玻璃器皿。在灭菌前，将玻璃器皿清洗干净、干燥、包装，然后放入干烤箱内，不要堆放东西太多，也不要将要灭菌的东西放入最底层。关好门，打开电源，缓慢加热。当温度升至60~80℃时，开动鼓风机，使灭菌器内的温度均匀一致（一般约10min），待温度达到140~160℃时，维持1.5~2.0h。然后关闭电源，待箱内温度降到室温时方可将门打开，取出灭菌物品。

**八、冻干机** 冻干机（冷冻真空干燥机）是供冻干菌种、毒种、补体、疫苗、药物等使用的机器，主要由真空干燥机、真空泵、压力计、真空度检验枪等组成。冷冻真空干燥，即将冻存的东西放在玻璃安瓿内，在低温中迅速冷冻，然后用抽气机抽去容器内的空气，使冰冻物质中的水分直接升华而干燥。这样，病原微生物在冻干状态下可以长期保存而不致失去活力。冷冻真空干燥机使用方法如下：

（1）首先检查冻干系统各部件连接是否严密，将干燥剂（氯化钙、硫酸钙、五氧化二磷等）盛放于干燥盘上。

（2）将要冻干的物质，定量分装于无菌的安瓿内，关闭冻干机盖，打开抽气机连续抽气6~8h，当压力降至26.7Pa以下时，干燥即告完毕，关闭抽气机。

（3）取出干燥剂上的安瓿，存放于干燥器内，待封口。将干燥后的安瓿取出八支安装在冻干机上的八个橡皮管上，打开抽气机10~30min，安瓿内气压很快降至26.7Pa以后，以细火焰在安瓿颈中央部封口。如此连续进行干燥和封口。

（4）封口的安瓿，再用真空度检验枪在其玻璃面附近检查，呈现蓝紫色荧光者，表示合格。

（5）工作完后，将冻干机内的干燥剂取出，重新干燥备用。

# 附录三 菌种的保存

常用的菌种保存方法有：斜面传代或半固体穿刺菌种石蜡油封存的冰箱保存法、砂土管保存法、冷冻干燥保存法和液氮保存法等。

无论采用哪种菌种保存法，在进行菌种保存之前都必须保证它是典型的纯培养物，在培养过程中要认真检查，如发现问题应及时处理。

**1. 传代培养保存** 是菌种保存常用的简单方法，由于细菌在人工培养基传代过程中易发生变异，所以传到一定期限时应通过一次易感动物，以保持或恢复其生物学性状。

（1）斜面传代保存 将细菌接种于琼脂斜面培养基上（如普通琼脂斜面、血液琼脂斜面、鸡蛋琼脂斜面等），置温箱 18~24h 培养后，将棉塞换成橡皮塞用灭菌固体石蜡熔封，移置 4℃ 冰箱保存，一般细菌在 4℃ 冰箱内可保存一个月。

（2）半固体保存 用穿刺接种法将细菌接种于半固体培养基内，置温箱培养 18~24h 后，在表面加上一层无菌液体石蜡（约 1cm），置 4℃ 冰箱保存。一般细菌可保存 3 个月至半年。

传代时应先将试管倾斜，使液体石蜡流至一边，再用接种针取菌种接种于新培养基上。

**2. 砂土管保存** 取清洁的海砂，用 1mol/L 的 NaOH 溶液清洗，然后再用 1mol/L 的 HCl 溶液清洗，最后用流水冲洗。分装试管（约 2~3cm 深），干热灭菌，加入细菌培养液 1mL 左右与砂土混匀，置真空干燥器内干燥，待完全干燥后熔封保存。

此法多用于梭状芽孢杆菌和部分霉菌的保存。可保存数年。

**3. 液氮保存**

（1）将培养 18~24h 的菌苔洗下，置于无菌脱脂牛乳中，制成菌悬液，分装无菌安瓿（每安瓿 0.1~1mL）。用喷灯封瓿口，并将封后的安瓿浸入 4℃ 有色液体中浸 30min，明确熔封后再冷冻。

（2）冷冻时先将安瓿放入 4℃ 冰箱中 1h，移置冰格放 1h，再置 -30~-20℃ 低温冰箱中冻结 30 min，然后移置 -196℃ 液氮中保存。

（3）使用时，先将从液氮中取出的安瓿浸入 30~40℃ 温水中迅速解冻，再打开安瓿，取出菌液接种。

在液氮中取放安瓿要防止安瓿爆炸，小心取放。

**4. 冷冻干燥保存法** 又称冷冻真空干燥法。它综合利用了各种有利于菌种保存的因素（低温、干燥和缺氧等），是目前最有效的菌种保存方法之一。用冷冻干燥保存法保存的菌种具有成活率高、变异性小等优点，保存期一般可长达 10 年以上。

该法是将待保存的微生物细胞或孢子悬浮于合适的保护剂中，预先将细胞冷冻，使水冻结，然后在真空条件下使冰升华以除去大部分水，残留的一些不冻结的水分，再通过蒸发从细胞中除去。

为了减少冷冻、脱水等过程对细胞所造成的损伤，在冷冻处理时必须把细胞或孢子悬浮于合适的保护剂中。保护剂通常是高分子物质如脱脂牛奶、血清等，或是高分子物质和低分子物质如葡萄糖、蔗糖、谷氨酸钠等的混合物。低分子物质起着水分缓冲剂的作用，使干燥样品中的最终含水量不至于过低，如添加 7.5% 葡萄糖可使干燥样品中最终水分保持在 1% 左右。据报道，样品中的残留水分是影响存活率的主要因素之一，但也不是冷冻样品中水越少越好，样品中以保持 1.5%～3% 的水分为宜。

常用的设备为真空冷冻干燥机，目前品牌、型号繁多，进口设备一般优于国产。

冷冻真空干燥的方法和步骤

（1）准备安瓿或冻干瓶：选用中性硬质玻璃制备安瓿管或冻干瓶，其大小规格随多歧管上短管直径大小而之一。先用 10% HCl 浸泡 8～10h，再用自来水冲洗多次，最后用蒸馏水洗 1～2 次，烘干。管口塞上棉花，于 121℃ 灭菌 30min。

（2）制备脱脂牛奶：将新鲜牛奶煮沸，除去表层油脂，也可将煮沸牛奶置 0～2℃ 冰箱过夜，待脂肪漂浮于液面时除去，如此重复数次，直至油脂除尽为止。如选用脱脂奶粉时，可直接配成 20% 乳液，然后分装、灭菌（121℃ 灭菌 30min），并作无菌检查。

（3）制备菌液：吸取 3mL 无菌牛奶直接加入斜面菌种管中，用接种环轻轻搅动菌苔，再用手搓动试管，制成均匀的细菌或孢子悬液。

（4）分装菌液：用无菌的长颈滴管将菌液分装于安瓿或冻干瓶底部，每安瓿装 0.2mL，冻干瓶可装 1～2mL，如日后要统计保存细菌的存活数时，则必须严格地定量。

（5）预冻：将安瓿管口的棉花剪去，并将棉花塞往里推至离管口约 15mm 处，冻干瓶则盖上冻干塞，置 -30℃ 冰箱预冻。

（6）真空干燥：完成预冻后，置真空冷冻干燥机内进行冻干，操作程序按冷冻干燥机的说明书进行。

（7）封管：用冻干瓶时，一般冷冻干燥机有自动压盖功能，冻干完成后自动压盖封口。安瓿管须在细颈处用火焰灼烧、熔封。熔封后安瓿管是否保持真空，可用高频率电火光发生器测试，即将发生器轻轻接触安瓿管的上端（切勿直射菌种），使管内发生真空放电，若呈现淡紫色或白炽色时，证明真空度符合要求。然后置 4℃ 冰箱保存。

（8）恢复培养：当须使用菌种时，先用 75% 乙醇消毒安瓿管外壁，然后将安瓿管上部在火焰上烧热，再滴数滴无菌水于烧热处，使管壁产生裂缝，放置片刻，让空气从裂缝中慢慢地进入管内，然后将裂口端敲断，这样可防止空气因突然开口而冲入管内致使菌粉飞扬。将合适的培养液加入冻干样品中，使干菌粉充分溶解，再用无菌的长颈滴管吸取菌液至合适培养基中，置最适温度下培养。

# 附录四 动物实验技术

在微生物实验室研究工作中,动物实验也是常用的技术之一。其主要用途有以下几方面:

**1. 进行病原体的分离与鉴定** 有些直接分离培养有困难的病料或需鉴定的细菌通过易感动物体就可达到目的。如从子宫分泌物中分离布氏杆菌,可用豚鼠接种法。

**2. 确定病原体的致病力** 有些细菌的形态、生物学等方面性状相似,仅在致病性上不同,可利用动物试验鉴别。

**3. 恢复或增强细菌的毒力** 多数病原菌长期通过人工保存后,其毒力减弱,需通过接种易感动物保持其原来的致病力。

**4. 测定某些细菌的外毒素** 如魏氏梭菌的毒素测定。

**5. 制备疫苗或诊断用抗原** 如兔化猪瘟疫苗。

**6. 制备作诊断或治疗用的免疫血清** 如作鉴定用的沙门氏菌诊断血清。

**7. 用于检验药物的治疗效果及毒性等**

## 一、实验动物接种法

**接种材料** 有培养物(肉汤培养物或细菌悬液)、尿液、脑脊液、血液、分泌物、脏器组织悬液等。

**实验动物** 常用的动物有家兔、豚鼠(也称荷兰猪、天竺鼠)、大白鼠(简称大鼠)、小白鼠(简称小鼠)、绵羊和鸡等。要选择健康无病或 SPF 动物。

实验动物常用的接种方法有下列几种:

**1. 划痕法** 实验动物多用家兔,用剪毛剪剪去肋腹部长毛,再用剃刀或脱毛剂脱去被毛。以 75% 酒精消毒待干,用无菌小刀在皮肤上划几条平行线,划痕口可略见出血。然后用刀将接种材料涂在划口上。

**2. 皮下接种**(注射)

(1) 家兔皮下接种 由助手把家兔伏卧或仰卧保定,于其背侧或腹侧皮下结缔组织疏松部剪毛消毒,术者右手持注射器,以左手拇指、食指和中指捏起皮肤使成一个三角形皱褶,或用镊子夹起皮肤,于其底部进针。感到针头可随意拨动即表示插入皮下。当推入注射物时感到流利畅通也表示在皮下。拔出注射针头时用消毒棉球按住针孔并稍加按摩。

(2) 豚鼠皮下接种 保定和术式同家兔。

(3) 小鼠皮下注射 无须助手帮助保定。术者在做好接种准备后,先用右手抓住鼠尾,令其前爪抓住饲料罐的铁丝盖,然后用左手的拇指及食指捏住头颈部皮肤,并翻转左后使小鼠腹部朝上,将其尾巴夹在左手掌与小指之间,右手消毒术部,把持注射器,以针头稍微挑起皮肤插入皮下，注入时见有水泡微微鼓起即表示注入皮下。拔出针头后，同家兔皮下注射时一样处理。

3. **皮内接种** 做家兔、豚鼠及小鼠皮内接种时，均需助手保定动物，其保定方法同皮下接种。接种时术者以左手拇指及食指夹起皮肤，右手持注射器，用细针头插入拇指及食指之间的皮肤内，针头插入不宜过深，同时插入角度要小，注入时感到有阻力且注射完毕后皮肤上有硬泡即为注入皮内。皮内接种要慢，以防使皮肤胀裂或自针孔流出注射物而散播传染。

4. **肌肉接种** 肌肉注射部位在禽类为胸肌，其它动物为后肢股部，术部消毒后，将针头刺入肌肉内，注射感染材料。

5. **腹腔内接种** 在家兔、豚鼠、小鼠作腹腔内接种，宜采用仰卧保定。接种时稍抬高后躯，使其内脏倾向前腔，在股后侧面插入针头，先刺入皮下，后进入腹腔，注射时应无阻力，皮肤也无泡隆起。

6. **静脉注射**

（1）家兔的静脉注射　将家兔纳入保定器内或由助手把握住它的前、后躯保定，选一侧耳边缘静脉，先用70%酒精涂擦兔耳或以手指轻弹耳朵，使静脉努张。注射时，用左手拇指和食指拉紧兔耳，右手持注射器，使针头与静脉平行，向心脏方向刺入静脉内，注射时无阻力且有血向前流动即表示注入静脉，缓缓注射感染材料，注射完毕用消毒棉球紧压针孔，以免流血和注射物溢出。

（2）豚鼠静脉内接种　使豚鼠伏卧保定，腹面向下，将其后肢剃毛，用75%酒精消毒皮肤，施以全身麻醉，用锐利刀片向后肢内上侧向外下方切一长约1cm的切口，使露出尾部，用最小号针头（4号）刺入尾侧静脉，缓缓注入感染材料。接种完毕，将切口缝合一两针。

（3）小鼠静脉接种　其注射部位为尾侧静脉。选15～20g体重的小鼠，注射前将尾部浸于约50℃温水内1～2min，使尾部血管扩张易于注射。用一烧杯扣住小鼠，露出尾部，用最小号针头（4号）刺入尾侧静脉，缓缓注入接种物，注射时无阻力，皮肤不变白、不起隆，表示注入到静脉内。

7. **脑内接种法** 作病毒学实验研究时，有时用脑内接种法，通常多用小鼠，特别是乳鼠（1～3日龄），注射部位是耳根连接线中点略偏左（或右）处。接种时用乙醚使小鼠轻度麻醉，术部用碘酒、酒精棉球消毒。在注射部位用最小号针头经皮肤和颅骨稍向后下刺入脑内进行注射，完毕以棉球压住针孔片刻。接种乳鼠时一般不麻醉，用碘酒消毒。

家兔和豚鼠脑内接种法基本同小鼠，唯其颅骨稍硬厚，最好事先用短锥钻孔，然后再注射，深度宜浅，以免伤及脑组织。

注射量　家兔0.2mL，豚鼠0.15mL，小鼠0.03mL。凡作脑内注射后1h内出现神经症状的动物作废，认为是接种创伤所致。

## 二、实验动物的观察

动物经接种后，须按照试验要求进行观察和护理。

1. **外表检查** 注射部位皮肤有无发红、肿胀及水肿、脓肿、坏死等。检查眼结膜有无肿胀发炎和分泌物。对体表淋巴结注意有无肿胀、发硬或软化等。

2. **体温检查** 注射后有无体温升高反应和体温稽留、回升、下降等表现。
3. **呼吸检查** 检查呼吸次数、呼吸式、呼吸状态（节律、强度等），观察鼻分泌物的数量、色泽和黏稠性等。
4. **循环器官检查** 检查心脏搏动情况，有无心动衰弱、紊乱和加速。并检查脉搏的频度节律等。

正常实验动物的体温、脉搏和呼吸（见附表3）。

附表3 正常实验动物的体温、脉搏和呼吸

| 动物 | 体温（肛表℃） | 脉搏（次/min） | 呼吸（次/min） |
| --- | --- | --- | --- |
| 猪 | 38.5～40.0 | 60～80 | 10～20 |
| 绵羊或山羊 | 38.5～40.0 | 70～80 | 12～20 |
| 犬 | 37.5～39.0 | 70～120 | 10～30 |
| 猫 | 38.0～39.0 | 110～120 | 20～30 |
| 豚鼠 | 38.5～40.0 | 150 | 100～150 |
| 大白鼠 | 37.0～38.5 | / | 210 |
| 小鼠 | 37.4～38.0 | / | / |
| 鸡 | 41.0～42.5 | 140 | 15～30 |
| 鸭 | 41.0～42.5 | 140～200 | 16～28 |
| 鸽 | 41.0～42.5 | 140～200 | 16～28 |

## 三、实验动物采血法

如欲取得清晰透明的血清，宜于早晨没有饲喂之前抽取血液。如采血量较多，则应在采血后，以生理盐水作静脉（或腹腔内）注射或饮用盐水以补充水分。

1. **家兔采血法** 家兔采血法可采其耳静脉血或心脏血。耳边缘静脉采血方法基本与静脉接种相同，不同之处是以针尖向耳尖反向抽吸其血，一般可采血1～2mL。

如需采大量血液，则用心脏采血法。动物左仰卧由助手保定，或以绳索将四肢固定，术者在动物左前肢腋下处局部剪毛消毒，在胸部心脏跳动最明显处下针。用12号针头，直刺心脏，感到针头跳动或有血液向针管内流动时，即可抽血，一次可采血15～20mL。

如采其全血，可自颈动脉放血。将动物保定，在其颈部剃毛消毒，动物稍加麻醉，用刀片在颈静脉沟内切一长口，露出颈动脉并结扎，于近心端插入一玻璃导管，使血液自行流至无菌容器内，凝后析出血清；如利用全血，可直接流入含抗凝剂的瓶内，或含有玻璃珠的三角瓶内振荡脱纤防凝。放血可达50mL以上。

2. **豚鼠采血法** 豚鼠一般从心脏采血。助手使动物仰卧保定，术者在动物腹部心跳最明显处剪毛消毒，用针头插入胸壁稍向右下方刺入。刺入心脏则血液可自行流入针管，一次未刺中心脏或稍偏时，可将针头稍提起向另一方向再刺，如多次没有刺中，应换另一动物，否则有心脏出血致死亡的可能。

3. **小鼠采血法** 可将尾端部消毒，有剪刀断尾少许，使血溢出，采得血液数滴，采血后用烧烙法止血。或眼眶静脉采血。

4. **绵羊采血法** 在微生物实验室中绵羊血最常用。采血时由一名助手半坐骑在羊背上，两手各持其1只耳（或角）或下颚，因为羊的习惯好后退，令尾靠住墙根。术者在其颈部上1/3处剪毛消毒，左手压在静脉沟下部使静脉努张，右手持针头猛力刺入皮肤，此时血液流入注射器内，一切无菌操作，以获得无菌血液。

  5．**鸡采血法** 剪破鸡冠可采血数滴供作血片用。少量采血可从翅静脉采取，将翅静脉刺破以试管盛之，或用注射器采血。需大量血可由心脏采取：固定家禽使倒卧于桌上，左胸朝上，以胸骨脊前端至背部下凹处连线的中点垂直刺入，约3～4cm深即可采得心血，1次可采10～20mL血液。

## 四、实验动物尸体剖检法

  实验动物经接种后死亡或予以扑杀后，应对其尸体进行解剖，以观察其病变情况，并可取材保存或进一步作微生物学、病理学、寄生虫学、毒物学等检查。

  （1）先用肉眼观察动物体表的情况。

  （2）将动物尸体仰卧固定于解剖板上，充分露出胸腹部。

  （3）用3%来苏儿或其它消毒液浸擦尸体的颈、胸、腹部的皮毛。

  （4）以无菌剪刀自其颈部至耻骨部切开皮肤，并将四肢腋窝处皮肤剪开，剥离胸腹部皮肤使其尽量翻向外侧，注意皮下组织有无出血、水肿等病变，观察腋下、腹股沟淋巴结有无病变。

  （5）用毛细管或注射器穿过腹壁吸取腹腔渗出液供直接培养或涂片检查。

  （6）另换一套灭菌剪刀剪开腹膜，观察肝、脾及肠系膜等有无变化，采取肝、脾、肾等实质脏器各一小块放在灭菌平皿内，以备培养及直接涂片检查。然后剪开胸腔，观察心、肺有无病变，可用无菌注射器或吸管吸取心脏血液进行直接培养或涂片。

  （7）必要时破颅取脑组织作检查。

  （8）如欲作组织切片检查，将各种组织小块置于10%甲醛中使其固定。

  （9）剖检完毕应妥善处理动物尸体，以免散播传染，最好火化或高压灭菌，或者深埋。若是小鼠尸体可浸泡于3%来苏儿液中杀菌，而后倒入深坑中，令其自然腐败。解剖器械也须煮沸消毒，用具用3%来苏儿浸泡消毒。

# 参 考 文 献

1. ECS Chan, Michal J Pelczar and Noel Krieg. Laborctory exercises in Microbiology. 5$^{th}$ edition Mc Graw-Hill Book Company: New York, 1986
2. 黄为一,周湘泉,谢雷祥. 生物技术(中国农业百科全书·生物学卷分册). 北京:农业出版社,1991
3. 李健强,李六全. 兽医微生物学实验实习指导. 西安:陕西科学技术出版社,1999
4. 陆承平. 兽医微生物学. 第三版. 北京:中国农业出版社,2001
5. 宋大新,范长胜,徐德强等. 微生物学实验技术教程. 上海:复旦大学出版社,1993
6. 王大耜. 细菌学分类基础. 北京:科学出版社,1986
7. 杨汉春. 动物免疫学(第一版). 北京:中国农业大学出版社,1995
8. 祖若夫,胡宝龙,周德庆. 微生物学实验教程,上海:复旦大学出版社,1993